李志豪 人氣經典

日式菓子麵包

執著手感醞釀的深度滋味，感受職人手作的日式精粹之美

李志豪──著

JAPANESE
BREAD

COMMEND

夢想從行動開始！人們常有很多想法，但是卻從來沒有實現過？甚至就算有意志力也無法成功呢？這些年從志豪身上，我看到了他了不起的自我突破與超越。在我心中，他是一位不斷用行動實現夢想而且具有麵包魂的主廚。

幾年前聽志豪提及在日本工作經驗時，他告訴我在日本求學與工作期間，每天工作時數永遠都比別人多，常常一回神十幾個小時就過去了，果然，成果是用時間磨出來的。回台後在18號麵包工作期間，時常清晨四、五點夜色還沒透白就開始工作，為了培養出高品質的天然酵母菌，每六個小時就幫它們翻身一次，讓天然酵母菌有空間長大，這是志豪追求完美不懈怠的一種表現，而堅持細節只是他眾多堅持其中之一而已。

有時候差異不一定在於非凡的天賦，而是在於非比尋常的看見。我相信這是一本有影響力的看見。這本書可以讓大家看到志豪用心注入的創意與技巧分享，經典且充滿創意的日本麵包之旅將由此開始。

星享道集團／董事長

劉敏瑛

志豪與我亦師亦友，對於即將出版的這本日式麵包書，我打從心裡祝賀與高興。

能晉級MONDIAL DU PAIN臺灣區代表最終選拔賽，不僅是在臺灣，也是在世界上作為頂級麵包製作技術者的最好證明。這個成績是你努力不懈後達成的結果。辛苦了！但也別忘了在背後默默支持的家人和指導技術前輩的功勞。

2012年在名古屋製菓學校製作麵包科擔任講師期間，和當時在校研修的你，對麵包產生深度思考和共鳴等的種種交集，深到驕傲。去年五月在赴臺灣市場調查時，在交流臺灣麵包市場發展的近況當時，更讓我對你這些年來的成長有著深刻感受。當時你說，「目黑師傅的甜麵包是我吃過最好吃的，所以直到現在我依舊遵循著您的教導......」，這些讓我很是欣慰，讓我印象深刻。

我認為亞洲麵包的市場仍然有許多發展的空間，期盼未來，你可以更加活躍於台灣或是亞洲甚至世界。

讓我們一起微笑，一起成長，一起做出美味的麵包！

（株）スイートスタイル モンタボー／常務取締役

目黑誠一

在2016的麵包比賽中認識了志豪，從比賽中感受到他對麵包的熱誠和嚴謹的態度，過程中，也看到他散發出無比的自信，一路享受比賽的過程。我想每位麵包師傅對於自己的麵包人生，都有不一樣的信念，如何發現自己的目標，並認真努力，一步一腳印的去實行，最終會得到意想不到的收穫。

臺灣烘焙長期深受日本影響，對於日本各地的烘焙文化，亦是有很多需要去認識了解，這本書中除了有詳細的配方、做法，藉由志豪之前在日本長期工作，從他的經歷和觀點，可以讓大家更加了解日本各地不同的烘焙文化。

喜愛麵包的你，一定也會深受其中的麵包魅力所吸引，值得你的收藏。

2015 Mondial du Pain法國世界麵包大賽 總冠軍

陳永信

本書是李志豪師傅——一名在日本各大馳名店家修習，年紀輕輕就累積了豐富經驗的新銳麵包師傅著作的書籍。

從臺灣的傳統麵包，到日本流行尖端的麵包、以及展現四季風情的麵包，都被本書詳細的收錄，不論是職人或是喜愛麵包的讀者們，都能津津有味地閱讀。書中的麵包都是李師傅長年在日本研習、練就成的手藝展現；經以紮實技術、知識融會加以製作成的麵包，不僅充滿製作者的滿滿心意，豐富口感、多樣化的麵包，光是看就令人食指大動。

李師傅，不僅熟悉臺灣在地食材、善於運用之外，對於日本的各式食材也同樣精通。這種執著不懈的精神，體現了專業麵包職人的紮實累積——面對不同的文化國度，以真誠體驗瞭解，以紮實反覆的磨練，奠立出深厚的技術與經驗。從日本學成返國後，李師傅立即被延攬進入了飯店的麵包坊磨練手藝，且一路入圍世界性各大競賽，榮獲賽事優勝殊榮。直到今日，依然會不時前往日本各地，探究各式的原料食材。這種執著職人用心的精神，讓我不由得打從內心欽佩。下一個新世代中，我認為李師傅將會是眾多才華洋溢麵包師傅中的其中之一，這是無庸置疑的。

這是一本值得分享給大家的好書，各位不僅能對日式麵包深入了解，更能窺探李師傅的麵包世界，相信對於拓展麵包新思維將有所助益。

東聚國際食品公司／總經理

東俊源

3

魅力無法擋！日式麵包
Japanese Bread

日式麵包已融入國人的日常生活，小從麵包的味道、口感與造型，大至麵包店面的裝飾風格，無不深遠的影響我們。

在日本麵包文化普及之前，麵包充其量只是美軍占領日本時的文化入侵形式，在那個年代，麵包是民眾負擔不起米飯時所吃的替代品，加上當時美軍大規模建立製造廉價麵包與奶粉的工廠供應學校午餐，讓麵包被貼上不美味的食物標籤。直到70年代末期，隨著西化的腳步，麵包逐漸被接受，成為重要的主食選項之一，往後20年後，更開始有愈來愈多人以先進的機器來製作各式麵包。

在日本，無論麵包店高級與否，每家麵包店必定有「食パン（吐司）」這項定番商品，且吐司的銷售好壞，對於該店的評價有相當的指標性。吐司在日本人心中的重要性，就如同法國麵包之於法國人般，是一種國民食物的概念，有著主食麵包的地位。

麵包從開始的不被接受，到普及、融入日本人的生活中，至今更已成為米飯以外的另一種主食；而且不單只是柔軟細緻的吐司，其他加入和風元素發展出的各式麵包商品更是多元，像是包餡菓子麵包、添加配料的調理麵包等，也深入尋常百姓的餐桌生活，廣受喜愛。時至今日，不只超脫了主食的存在，可作為主食，也可作為點心零食，成為日本人飲食生活中不可或缺的一環。

總之，日本人心中最理想的麵包口感是「もちもち（mochi mochi）」，這種如同麻糬般軟中帶著彈性的嚼食口感，也左右著日本烘焙師傅創作研發的方向，掀起了一股趨勢熱潮。

PREFACE

在從無到有的麵包學習路上，從一個完全聽不懂台語的小學徒，到名古屋製菓專門學校畢業，就地工作…一路走來，最感謝的是我家人的信任與支持。

感謝母親對我的包容與支持，即使在艱難的這條路，依然給我前進的勇氣。曾經我也一度困惑想放棄烘焙這條路，是母親的鼓勵激起我的鬥志，讓我能無畏困境的往前；也因為母親的愛與信任，讓一個求學期間曾經被同學父母拒絕往來的孩子，能抱著覺悟，忍受煎熬，邊工作邊補習日文，每天休息睡眠不到三小時，只為一圓日本求學夢。

然而，就在負笈求學之際，我的母親經歷了一場生死攸關的考驗，手術同日，我毅然背起行囊踏上異鄉的求學路程；背對越離越遠的家，我默默的告訴自己，「為了自己，為了家人，我要付出比別人更多的心、用更多的力，回報家人支持我的心意」。

為了擠進名古屋製菓專門學校的窄門，我依舊只給自己三小時的睡眠，利用三個月的時間不間斷練習寫作與會話，讓自己在極短的時間裡交出一張漂亮的成績單，順利成為名古屋製菓專門學校第一位錄取的外國人。在學校，我學習到日式正統烘焙技巧，並深深愛上了麵粉與酵母結合時散發出來的純粹香氣，至今，我仍深深的對猶如魔法般的化學反應著迷不已。

「日式麵包」在台灣是主流產品之一，但卻很難有個統一說法，精確描述日式麵包的真諦，在本書中，除了告訴大家日式麵包的作法，也希望能夠從字裡行間傳達我對麵包的堅持與熱愛。在烘焙的世界裡，大家追求的是師傅的頭銜，但是一位對我意義非凡的長者告訴我「匠而師，師而家」。

所以，我想成為一位麵包家。我想讓麵包成為藝術，酵母為筆，麵團為畫布，勾勒出我心中最美的風景。

星亨道酒店 INSKY HOTEL／點心房主廚

CONTENTS

1
人氣話題的點心麵包
口味多元！美味更加分的有料點心麵包

2
獨具特色的名物麵包
鄉土和風味！從地方名物到節慶應景麵包

4
引人矚目的原創麵包
新食口感！融合傳統與新創魅力麵包

3
深度之味的本格麵包
經典風味！從純粹到香甜的奢華風味

SPECIAL PAGE

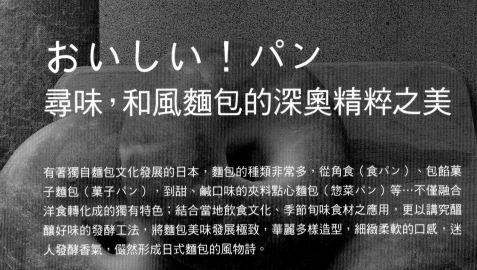

おいしい！パン
尋味，和風麵包的深奧精粹之美

有著獨自麵包文化發展的日本，麵包的種類非常多，從角食（食パン）、包餡菓子麵包（菓子パン），到甜、鹹口味的夾料點心麵包（惣菜パン）等…不僅融合洋食轉化成的獨有特色；結合當地飲食文化、季節旬味食材之應用，更以講究醞釀好味的發酵工法，將麵包美味發展極致，華麗多樣造型，細緻柔軟的口感，迷人發酵香氣，儼然形成日式麵包的風物詩。

日式麵包有別於紮實、硬式的法式麵包，以蓬鬆細膩、Q軟香甜口感為多，內餡豐富，外型講究精緻花俏，兼具香酥、細緻為特色，與取向純粹樸實的法式麵包有著鮮明的對照。最具代表的日式原創則有，紅豆麵包（あんパン）、咖哩麵包（カレーパン）、奶油麵包（クリームパン）、菠蘿麵包（メロンパン）、螺旋麵包等（コロネ）…

書中將透過味蕾的漫遊，手感的體驗，循由傳承烘焙職人的製法工藝，帶您尋味日本各地的鄉土迷人好味，感受日式麵包的魅力風情。

製作麵團的基本材料

麵包的材料相較西點來的單純，因此材料品質的好壞與配方的平衡顯得格外重要；
若能充分了解各種材料的特色和相互作用，更能享受麵包製作與變化運用。
這裡將就麵包製作的基本材料介紹。

麵粉 FLOUR

麵粉依蛋白質含量的多寡，分為高筋、中筋、低筋。製作麵包通常是使用蛋白質含量高的
高筋麵粉；但依據麵包種類的不同，也常會有混合不同麵粉的搭配使用。

法國粉｜法國麵包專用粉，專為製作道地
風味及口感製成的麵包，蛋白質含量近似
於法國的麵粉，性質介於高筋與中筋麵粉
之間。型號（Type）的分類是以穀麥種
子外穀的含量高低來區分。

高筋麵粉｜製作麵包的核心用粉，蛋白質
的含量較高，經以揉和能形成強韌的筋性
且有口感，最適合用來製作麵包。

低筋麵粉｜蛋白質的含量較低，因此筋度
與黏度也較低，不太容易形成筋性；常搭
配高筋麵粉使用，可做出麵包的輕盈口
感，但不適合單獨用於麵包製作。

裸麥粉｜富含膳食纖維及礦物質，具獨特
風味，裸麥中所含的蛋白質無法形成筋
性，不具膨脹性，因此常會混合其他粉類
製作，製成的麵包紮實厚重，且帶點些微
酸味。

雜糧粉｜含多種高纖穀物小麥，色澤深、
麥香味佳，營養價值高，帶有強烈風味。

全粒粉｜由整顆小麥碾磨加工製成，保有
小麥樸質的香氣和味道，常搭配高筋麵粉
混合使用，適合用來製作口感紮實厚重的
麵包，所成製出的麵包營養價值高。

酵母 YEAST

幫助麵團發酵膨脹的重要材料。酵母的種類依水分含量的多寡，分為新鮮酵母與乾酵母。
書中所使用的是不需事先發酵的速溶乾酵母，與新鮮酵母。適量添加酵母，可助於發酵膨
脹，使麵團蓬鬆有彈性，但若加過多，容易產生異味。

新鮮酵母｜含水量高達70%，必須冷藏保
存（約5℃）。適用於糖分多的麵團，與
冷藏儲存的麵團。

低糖乾酵母｜低糖用酵母的發酵力強，
只需要少許糖分就能發酵，適用糖含量
（5%以下）的無糖或低糖麵團。

高糖乾酵母｜相對於低糖用酵母，高糖
酵母的發酵力較弱，適用糖含量（5%以
上）的高糖麵團，如布里歐麵團。

糖 SUGAR

糖能增加甜味，並能促進酵母發酵，增添麵包的蓬鬆感；保濕性高，能讓麵包濕潤柔軟，以及增加麵包烘烤的色澤。

上白糖｜結晶較細砂糖細緻、質地也較為濕潤，保濕性佳；若沒有上白糖也可用細砂糖代替。

中雙糖｜高純度結晶的細粒冰砂糖、甘甜，帶有脆脆顆粒的口感，可增添濃郁香醇風味與色澤。

不濕糖｜可延緩吸濕、不易受潮，甜度低，即使用於含水量多的麵團上，也不易溶化、結塊的糖粉。

糖粉｜極微粒的細砂糖粉，質地細緻，香甜不膩口，多用於表面裝飾、糖霜製作。

珍珠糖｜顆粒稍粗、呈白色，擁有輕甜香脆和入口即溶的口感，用於表面可增添麵包美觀。

蜂蜜｜添加麵團中能提升香氣、濕潤口感，以及上色效果。

奶油 BUTTER

奶油可讓麵團更富延展性，能助於膨脹完成的質地細緻柔軟，帶出風味與口感的變化。

無鹽奶油｜不含鹽分的奶油，具有濃醇的香味，是製作麵包最常使用的油脂。

奶油乳酪｜又稱凝脂乳酪（Cream cheese），淺白色，質地柔軟細膩，帶有微微的酸味及奶油般的柔滑口感，很適合麵包的內餡使用。

發酵奶油｜經以發酵成製的奶油，具有豐饒風味，帶有乳酸發酵的微酸香氣，風味濃厚，含水量少可為製品帶出特殊香氣。

片狀奶油｜作為折疊麵團的裹入油使用，可讓麵團容易伸展、整型，使烘焙出的麵包能維持蓬鬆的狀態。

乳製品 MILK

香濃醇厚的乳製品，添加於麵團中，可為麵團帶出柔軟地質、濃郁的口感香氣，也可讓烘烤後的麵包色澤均勻富光澤。

牛奶｜含有乳糖可使麵包呈現出漂亮的顏色，並能提升麵包的香氣風味及潤澤度。

鮮奶油｜濃醇的風味，能使麵團柔軟增添風味，適合精緻系的麵包使用。

煉乳｜加糖煉乳，用於甜味濃郁的麵團製作，書中用的是北海道煉乳。

麥芽精 MALT EXTRACT

含澱粉分解酵素，具有轉化糖的功能，能促進小麥澱粉分解成醣類，成為酵母的養分，可活化酵母促進發酵，並有助於烘烤製品的色澤與風味。

鹽 SALT

除了能使麵包帶有鹹味外，也有助於活化酵母，緊縮麵團的麩質，讓筋性變得強韌。本書使用具有甘味的岩鹽，也可以選用海鹽或食用精鹽，可製作出不同風味的麵包。

蛋 EGG

可增加麵團的蓬鬆度，以及風味香氣，大量的使用在風味豪華的麵包類型。依奶油與蛋的比例，味道會有所不同；用量越多麵包的口感越柔軟、顏色也越深黃。塗刷麵團表面能增添光澤烤色。

水 WATER

麵粉中加入水能揉出麵團及黏性，基本上所使用的是一般的水。但依麵團種類的不同會使用奶水、牛奶等搭配代替。

以下介紹的是本書使用的材料；這裡所標註的日製麵粉，
以及乳製品皆可在各大烘焙材料專賣店、網路商店購得。

01
日清STC 哥雷特高筋麵粉

原產地：泰國
特性：多元用途，機械操作耐性高，吸水性強，麵包帶有天然麥香，適合製作各式吐司，成品組織呈現拆絲綿密感，香氣豐富。
適用：各式麵包、西點蛋糕。

02
日清STC 車夫法國粉

原產地：泰國
特性：針對製作出道地法國麵包所調配而成，吸水性及操作性優於一般市售法國粉。成品皮薄酥脆，保水優良，因灰分值高，製成的歐法麵包更突顯出豐厚甘甜味。
適用：各式麵包、麵條。

03
日清STC 水晶低筋麵粉

原產地：泰國
特性：粉質細緻，適用於蛋糕、餅乾、菓子的傑出麵粉，更可製作入口即化的中式傳統餅皮。
適用：蛋糕、餅乾、中式餅類。

04
煉瓦

原產地：日本北海道
含量：灰分0.35%、蛋白10.0%
特性：調配北海道產小麥（春希來里）、（北穗波）等品種製成的麵包專用粉。清爽的風味中帶有北海道小麥獨特的香氣和甘甜。
適用：應用吐司及甜麵包等產品中可做出咬斷性佳、口感輕柔的產品。

05
歐佩拉

原產地：日本北海道
含量：灰分0.58%、蛋白11.5%
特性：將風味、香氣、操作性三項特性調整至最佳平衡點的麵包專用粉。不強調色澤的雪白，優先使用風味及香氣強烈的部位。
適用：可廣泛應用於各種產品。

06
麥芽精

特性：液體，有酵素活性。發芽後的大麥使得風味更加提升。以麥芽糖為主成分並含豐富的維他命、礦物質等營養素以及澱粉酵素。
適用：各式麵包、燒菓子、焦糖、調味料、飲料等。

07
不濕糖

特性：可延緩吸濕情形，避免過程中易吸濕受潮而影響商品美觀的情況。有各種顏色，原味（白）、草莓（粉紅色）、抹茶（綠色）、芒果（黃色）、防潮可可粉（可可色），可裝飾於各種烘焙類產品使產品更加美觀誘人，不易受潮，可冷凍。
適用：裝飾用、可灑在蛋糕或麵包等商品，增加多樣性。

08
夢的力量精品

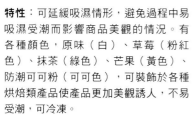

原產地：日本北海道
含量：灰分0.48%、蛋白11.6%
特性：以超高筋麵粉（夢的力量）為主體，調配（北穗波）製成的麵包專用粉。（夢的力量）具有過去日本產小麥所沒有的高蛋白含量、強韌的筋性以及高吸水性等特徵。
適用：烤焙彈性良好，適合製作吐司及甜麵包等產品。

09
鹽漬櫻花

此系列商品不僅將櫻花作為裝飾，更能將櫻花製成醬料、花泥等使其方便添加於甜點、食品之中增添風味。

10
萊思克桶狀奶油
（無鹽）

品項：無鹽5KG，乳脂肪82%。
保存：冷凍-18℃，12個月。
特性：烘焙、烹飪兩相宜，質地緊實、切割容易。

11
萊思克
條狀奶油（無鹽）

品項：無鹽500g、無鹽250g、有鹽250g；乳脂肪無鹽82%、有鹽80%。
保存：冷凍-18℃，12個月。
特性：方便切塊，適合烹調醬汁、肉類與料理調味，亦可直接塗抹使用。

12
萊思克
條狀奶油（有鹽）

品項：無鹽500g、無鹽250g、有鹽250g；乳脂肪無鹽82%、有鹽80%。
保存：冷凍-18℃，12個月。
特性：方便切塊，適合烹調醬汁、肉類與料理調味，亦可直接塗抹使用。

13
LUXE北海道
奶油乳酪

保存：需冷藏保存（攝氏3-5℃），嚴禁冷凍。
特性：日本100%乳源、乳香濃郁，香氣濃郁口感滑順不膩，不帶酸感；也可直接當抹醬或搭配水果、生火腿食用等。

14
Sambirano 72%
聖伯瑞諾

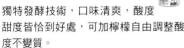

產區：馬達加斯加產區
品種：Trinitario (高Criollo成份)
香氣口感：帶堅果、紅莓香氣。飽滿、甘甜、愉悅、強烈紅莓果酸、尾韻綿延。

15
NEW奶油乳酪

特性：豐富牛奶風味和酸味結合為特徵。經過將10%空氣注入的特殊製法，是擁有優質氣泡的奶油起司。和其他食材及麵糊攪拌也難以分離，不會有離水現象，產生扁塌現象非常稀少，就算塗抹於表面烘焙也不會溶解，會保持其形狀。

16
靜岡抹茶粉

產地：日本靜岡
特性：無糖，純抹茶粉，無任何添加物。採用低溫研磨，保留純正靜岡抹茶風味，不易產生沉澱物，非綠茶，適用於麵包、西點，也可直接加水或牛奶飲用。

17
植物の優（優格）

獨特發酵技術，口味清爽，酸度甜度皆恰到好處，可加檸檬自由調整酸度不變質。

18
日暮初榨橄欖露

保存：常溫保存，避免高溫。
特性：具平順的口感及豐富果實甜味及果香氣味。適用炒煎炸、烘焙等。

19
北海道煉乳

保存：未開封常溫保存，開封後需冷藏保存（攝氏3-10℃），嚴禁冷凍。
特性：可直接當淋醬，或加入麵團中使用，能替麵包增添牛奶香氣。

20
法國Merci Chef
片狀奶油

品項：無鹽1KG，乳脂肪84%。
保存：冷凍-18℃，18個月。
特性：千層、可頌、酥皮、塔皮，延展塑性佳。

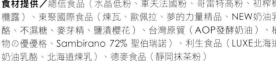

食材提供／總信食品（水晶低粉、車夫法國粉、哥雷特高粉、初榨橄欖露）、東聚國際食品（煉瓦、歐佩拉、夢的力量精品、NEW奶油乳酪、不濕糖、麥芽精、鹽漬櫻花）、台灣原貿（AOP發酵奶油）、植物の優優格、Sambirano 72% 聖伯瑞諾）、利生食品（LUXE北海道奶油乳酪、北海道煉乳）、德麥食品（靜岡抹茶粉）

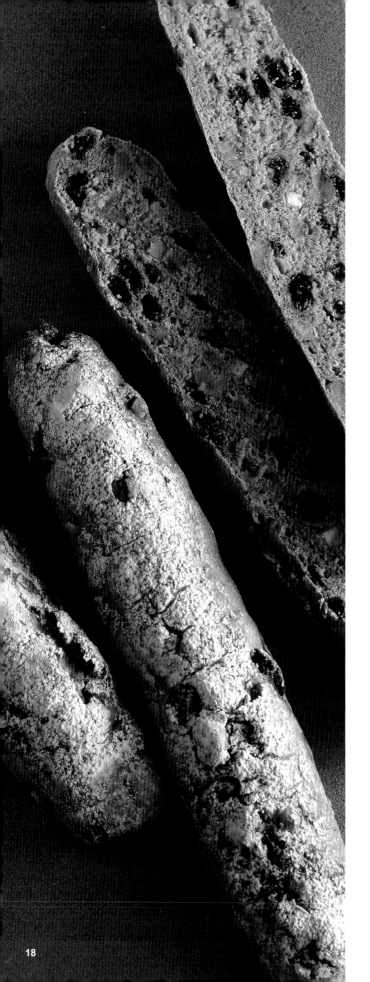

製作
麵包的流程與重點

麵團的攪拌製作大致相同，
每個流程環節都有影響麵團口感風味的重點，
像是，攪拌到何時才加入奶油、
不同的麵包麵團要攪拌階段等等，
想做出好吃的各式麵包，就得掌握好各個環節，
這裡將就基本的流程重點介紹，
請務必先熟悉掌握製作重點。

麵團的製作

隨著麵粉、水分、油脂比例的不同，成形麵團會有不同
的特性樣貌（硬質LEAN類／低糖油，軟質RICH類／高糖
油，介於中間的麵團等），而這也是麵包製作的樂趣所
在。這裡就書中主要的幾個麵團特色介紹。

法式鄉村麵包麵團

豐富口感帶有麵粉質樸甜味與香氣的麵團。以粉類的搭配
混合與不同發酵種製作，可帶出甘醇而深沉的特有風味。

裸麥麵包麵團

裸麥粉不具筋性，因此多會與其他麵粉搭配使用，具獨特
的酸味芳香，與長時間發酵所孕育成的香氣，口感紮實而
具有嚼勁。

吐司麵團

麵團彈性佳，口感Q彈、溫潤且鬆軟，搭配不同的發酵麵
種，更能帶出獨有的口感與清甜的芳香，質地介於軟質與
硬質麵包中間。

菓子麵包甜麵團

大量使用牛奶與奶油，帶有淡淡甜味，質地滑潤柔軟，適
合用於各種包有內餡的菓子麵包、或與各種食材都可搭配
的點心麵包等，運用相當廣泛的麵團。

布里歐麵團

大量使用奶油、蛋與牛奶為特色的精緻類麵團，風味馥郁、醇厚，富濃醇奶香味。此類製作要點在加入油脂與蛋後，要不斷攪拌直至麵團產生強韌的筋膜，才能成製出柔軟且富彈力的麵團，多運用在點心麵包。

其他

其他還有像是麵團包裹片狀油擀壓、折疊製成的裹油麵團；使用天然酵母製作，像是番茄酵母、酒種麵包，由於添加不同風味酵種，讓麵包的風味、香氣、口感有不同的變化。

混合攪拌

攪拌混合時，隨著攪拌方式、粉的種類、氣溫及濕度的不同，粉的吸水率也會隨著改變，因此，水分的調節要拿捏好，不要一次就把水全倒入粉中，可預留2%的水量做為調整用，再就實際的狀況，斟酌的加入。

麵粉加入水經混合攪拌後，會形成具黏性彈力的網狀薄膜組織，就是因為麵筋產生的緣故；麵團攪拌完成與否要確認的就是麵筋網狀結構。

麵團的攪拌5階段：

❶ 混合攪拌

將乾濕材料（油脂類除外）放入攪拌缸內，用慢速攪拌混合均勻至粉類完全吸收水分。

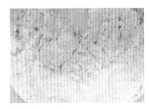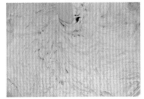

→材料會因時節的不同受潮程度也不同，因此不要將水一次全部加入，應視粉類混合的情況調整，避免麵團太過濕黏的情形。

❷ 拾起階段

攪拌至所有材料與液體均勻混合，略成團、外表糊化，表面粗糙且濕黏，不具彈性及伸展性，還會黏在攪拌缸上。

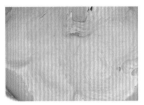

→攪拌過程麵團還處黏糊糊狀態，可用刮板刮淨沾黏缸內側面的麵粉攪拌勻。

❸ 麵團捲起

麵團材料完全混合均勻，麵團成團、麵筋已形成，但表面仍粗糙不光滑，麵團在攪拌缸，會勾黏住攪拌器上，拿取時還會黏手。

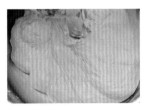

8分筋狀態

→奶油會影響麵團的吸水性與麵筋擴展，必須等麵筋的網狀結構形成後再加入，否則會阻礙麵筋的形成。

❹ 麵筋擴展

攪拌至油脂與麵團完成融合，麵團轉為柔軟有光澤、具彈性，用手撐開麵團會形成不透光的麵團，破裂口處會呈現出不平整、不規則的鋸齒狀。

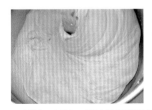

薄膜狀態 9分筋

→低油、低糖、質地較粗獷的歐式麵包類。

❺ 完全擴展OK

麵團柔軟光滑具良好彈性及延展性，用手撐開麵團會形成光滑有彈性薄膜狀，且破裂口處會呈現出平整無鋸齒狀。

→麵筋擴展後更具延展性，撐開可形成稍微透明的薄膜狀態（適用鬆軟的軟式甜麵包）。
→撐開麵團兩邊輕輕延展開拉開，呈現大片透明薄膜狀態（適用細緻、富筋性的吐司麵包）。

薄膜狀態 10分筋

POINT | 注意麵團的水分和溫度。麵團的溫度最好在24-26℃左右，酵母比較可以發揮良好的發酵效果。隨著季節變化，和麵團的水溫也要跟著調整。

基本發酵

酵母的作用在於促使麵團發酵膨脹，麵團的發酵時間會因季節性、氣溫等環境條件的不同而有影響。環境溫度高，易促進酵母的活動力，相對的，溫度低，酵母的活動力會稍弱，時間會稍延長，因此，環境溫度，最好維持在25-26℃較理想。

無論任何時節，為了防止麵團乾燥，發酵時都會在表面覆蓋保鮮膜或塑膠袋（避免麵團的水分流失），放室溫待麵團膨脹約2～2.5倍大，原則上所需的時間約40-60分鐘，不過，還是取決於實際的天氣溫度等因素有不同。

麵團的發酵完成與否，除了可就外觀判斷外，也可利用手指來確認：將沾有高筋麵粉的手指輕輕戳入麵團中，若凹洞沒有閉合即表示完成；若凹洞回縮，則表示發酵不足。

手指測試

用簡易的手指測試來輔助判斷基礎發酵是否完成。手指沾麵粉（或沾少許水）輕輕戳入麵團中，抽出手指，觀察麵團呈現的凹洞狀態：

發酵不足
手指戳下的凹洞立刻回縮填補起來呈平面狀。

發酵完成
手指戳下的凹洞幾乎無明顯變化，形狀維持。

發酵過度
手指戳下後麵團立刻陷下而無回復。

過程中「翻麵」

翻麵（壓平排氣），就是對發酵中的麵團施以均勻的力道拍打，讓麵團中產生的氣體排除，再由折疊翻面包覆新鮮空氣，把表面發酵較快的空氣壓出，使底部發酵較慢的麵團能換到上面，以達到表面與底部溫度平衡，穩定完成發酵，壓平排氣的操作，能提升麵筋張力，可讓麵團質地更細緻、富彈性。

◎翻麵的方法：

①將麵團輕拍平整，從麵團一側向中間折疊1/3。

②再將麵團另一側向中間折疊1/3。

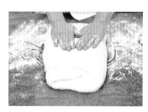 

③稍輕拍均勻。

④再從前端往下折疊1/3。

⑤再將底部往上折疊1/3。

⑥翻面使折疊收合的部分朝下,蓋上保鮮膜發酵。

分割、滾圓

將麵團就所需的份量以刮板快速分割後,並就麵團收合整圓,以接合口處朝下放置。分割的動作會造成麵團的損傷消氣,以致影響麵團膨脹,因此,分割後必須靜置,待麵團緩解恢復彈性狀態後,再做麵包的整型操作,可利於麵團的成型。

中間發酵

分割滾圓後的麵團呈緊繃狀態,因此要讓麵團靜置,使麵團得以舒緩,恢復彈性至容易整型的狀態。靜置的過程中為避免水分的蒸發,可在麵團表面覆蓋濕布,防止表面乾燥(會妨礙膨脹發酵)。

整 型

麵團靜置後仍在持續發酵,因此,用手或擀麵棍輕輕按壓麵團,將內部空氣擠壓出後,再做搓圓塑型。整型時會以光滑面成為表面來加以整型,並依麵團性質的不同,施予不同的強弱力道,一般硬質類的整型力道會稍弱軟質類麵包。

最後發酵

麵團整型時也會造成消氣,因此,需再經由重新發酵,讓麵團恢復彈性,最後得以漂亮膨脹。由於麵團的體積會膨脹到1.5-2倍的大小,所以擺放烤盤時,麵團要間隔放置;而若是硬質類等視覺著重在切割面的麵包,為維持已塑型形狀,會藉由折凹槽的發酵布,形成的間隔作為支撐來進行。至於溫度上,鬆軟口感的麵包,會在略高的溫度發酵,而較講求發酵風味的硬質類,則多會以低溫發酵。

烘 烤

每種烤箱的火力強度不盡相同,建議先以標示的溫度為準,再就自家烤箱的特色必要,調整出最適合的溫度。烤箱預熱的溫度以標示的溫度為基準,務必充分預熱,且在烤箱溫度尚未下降時即刻放入烘烤,才能烘烤出均勻、色澤美麗的麵包。

烤焙時若想防止上層表面烤焦或上色過深,可在烘烤一半時,覆蓋烤焙紙再烘烤;另外為了讓成品均勻受熱上色平均,過程中需就狀況,移動烤盤的位置做轉向烘烤。

麵包的保存

冷藏的溫度容易使麵包變質,影響口感,若能在1-2天內食用完畢的麵包,放置室溫保存較好。

◎點心麵包

紅豆、卡士達等有內餡麵包,常溫約可保存1-2天。若冷凍的影響內餡風味口感較不建議。

◎吐司

吐司常溫下可保存約3天,但遇溫度高的夏季較容易變質要注意;冷凍保存約2-3週,食用時,室溫解凍,稍噴水霧後即可回烤加熱。

天然酵母 &
發酵種法

利用蔬果、穀物培養酵母液,再以酵母液混合麵粉做成發酵種,
之後定期餵養,致使發酵活力持續與穩定,是天然酵母的基本程序。

書中使用的發酵種可分為，法國老麵、甜老麵、液種、魯邦種，
以及酒種、湯種、番茄酵種等主要幾種，
這裡將就使用的發酵種製作完整介紹，
完成發酵種之後，就可以運用在各式麵包的製作。

運用天然酵母做出的麵包，帶有獨特的芳醇香氣，
深奧的香氣風味，也是一般麵包酵母無以比擬！

天然酵母。執著醞釀好味

以天然釀酵的自然美味，手作麵包烘焙，溫和自然的風味與芳香，展現無以取代的迷人魅力！

A 法國老麵

使用法國粉製作、發酵，使其釋出麵粉的香氣美味，適用於各式歐式麵包製作，可帶出豐富的香氣與風味。

INGREDIENTS

法國粉…1000g
水…650g
麥芽精…3g
低糖乾酵母…7g
（或新鮮酵母20g）

METHODS

① 所需材料。

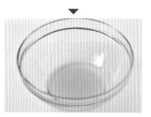

② 將水、低糖乾酵母先攪拌均勻，靜置約30分鐘至融解。

③ 將融解酵母水、麥芽精、法國粉以慢速攪拌至聚合成團。

④ 再轉中速攪拌至光滑面即可（麵溫23.5℃）。

⑤ 將麵團放入容器中，覆蓋保鮮膜，室溫發酵約1小時。

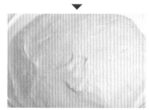

⑥ 待麵團發酵膨脹，即可使用（或移置冷藏發酵12-15小時後隔天使用）。

共通原則－玻璃容器沸水消毒法

為避免雜菌的孳生導致發霉，發酵用的容器工具需事先煮沸消毒。進行消毒時：①將鍋中加入可以完全淹蓋過瓶罐的水量，煮至沸騰。②以夾子挾取出。③倒放、自然風乾即可。另外，使用的其他工具，亦需以熱水澆淋消毒後使用。

B 甜老麵

跟法國老麵相較，是以糖含量高的麵團作為發酵種，再加入其他麵團製作，

多應用於精緻系、甜麵包等香甜、柔軟麵包製作，

製成麵包微微帶甜，又有蛋奶的香氣，口感細緻柔軟、蓬鬆。

INGREDIENTS

Ⓐ 高筋麵粉1000g
　上白糖…150g
　岩鹽…18g
　新鮮酵母…30g
　全蛋…150g
　鮮奶…200g
　水…310g
Ⓑ 無鹽奶油…100g
　發酵奶油…100g

METHODS

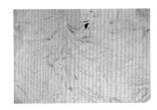

① 將所有材料Ⓐ先慢速攪拌混合。

⑤ 再以中速攪拌至麵筋形成均勻薄膜 （完成麵溫約26℃）。

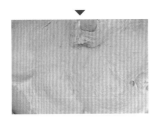

② 慢速攪拌均勻至成團。

⑥ 將麵團放入容器中，覆蓋保鮮膜。

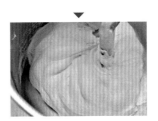

③ 再轉中速攪拌至光滑面。

⑦ 室溫發酵約1小時，待麵團發酵膨脹，即可使用。

④ 加入材料Ⓑ以慢速攪拌至均勻。

⑧ 冷藏存放3天，冷凍存放1星期。

C 酒種

使用米麴和米所釀酵製作，是日式麵包獨特的發酵種法之一。
帶有淡淡的甜味與酸味、微微清香特質，多應用於甜麵包製作，
以酒種成製的麵包，口感濕潤柔軟，不過缺點是發酵力較弱。

**酒種酵母液
培養**

INGREDIENTS

米⋯180g
米麴⋯36g
水⋯270g

METHODS

① 所需材料。

⑤ 以中火蒸煮約50分鐘，再燜煮約10-20分鐘。

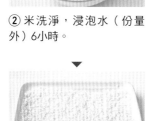
② 米洗淨，浸泡水（份量外）6小時。

⑥ 將蒸好的米攤平鋪放在平盤中，放室溫待冷卻。

⑨ **Day1狀態**。浮出細小物質，水與米間冒出小氣泡。

③ 瀝乾水分，靜置1小時，讓水氣蒸發。

⑦ 將作法6、其他所有材料放入玻璃瓶中。

④ 將作法3的米放入蒸鍋中，攤展開。

⑧ 蓋上瓶蓋密封後，放置室溫（25℃），避免陽光照射處，使其發酵約3天。

⑩ **Day2-3狀態**。水漸漸變濁，水面的氣泡增加，帶有淡淡的甜味香氣。

POINT | 原生酒種僅具有獨特香氣，但發酵力不足；若與法國粉1:1的比例續養後使用，可運用於甜麵包，以及其他麵團。

⑪ **Day4狀態**。米粒逐漸消失且甜味降低。

⑫ **Day5狀態**。氣泡上升變緩慢，可聞到明顯酒香氣味。

⑬ 將發酵完成的酒種過篩，萃取出酒種酵母液，裝放附蓋的容器內，冷藏保存7天內使用完畢。

D 湯種

麵粉加上沸水先攪拌製作，再加入其他麵團一起發酵，利用麵粉事先糊化的過程提升保濕性，製作成的口感更加柔軟。

INGREDIENTS

高筋麵粉…100g
熱水（100℃）…130g

METHODS

① 所需材料。

② 將高筋麵粉加入熱水慢速攪拌約5分鐘均勻成團。

③ 取出待冷卻，放入容器中，覆蓋保鮮膜。

④ 冷藏約12小時，隔天取出使用。

⑤ **Day1狀態**。

⑥ **Day2狀態**。

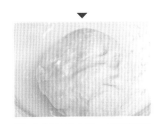

E 番茄酵母

以全熟番茄製作，將番茄打成汁再發酵，活力更加活躍，
帶有清新果香味的番茄酵母，非常適合應用在風味單純的歐風麵包。

番茄酵母液｜培養

第1天

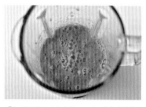

① 所需材料。中型新鮮番茄300g打成汁，以及水（25℃）750g、蜂蜜15g。

② 將所有材料倒入容器中攪拌均勻，密封、室溫靜置。

③ 早、中、晚，各充分搖晃一下瓶身（1天3次）。

④ 每次搖晃結束後，再打開瓶蓋讓瓶中的氣體釋放出來，確認味道酵母的狀況。

⑤ **Day1狀態**。

⑥ **Day2狀態**。

番茄酵母種

第2天

⑦ 所需材料。第1天番茄發酵液240g、法國粉400g、蜂蜜40g。

⑧ 將蜂蜜先與番茄發酵液混合。

⑨ 加入法國粉拌勻約5分鐘（麵溫25℃）。

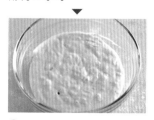

⑩ 覆蓋保鮮膜，室溫靜置發酵約12小時。

⑪ **Day2狀態**。

POINT｜剩餘的番茄酵母液（只具風味），做成麵團才具有保存效果。

第3天

⑫ 所需材料。前天番茄酵母種680g、番茄發酵液240g、法國粉400g、蜂蜜40g。

▼

⑬ 將蜂蜜先與番茄發酵液混合後，加入法國粉拌勻約5分鐘（麵溫25℃）。

▼

⑭ 再加入番茄酵母種攪拌混合約5分鐘（麵溫25℃）。

▼

⑮ 每6小時翻面1次，共3次，冷藏發酵（5℃）即可使用。

▼

⑯ **Day3狀態**。

約可放7天

F 魯邦種

使用裸麥粉培養出酵母種，再與其他材料揉合製作，具有獨特的熟成香氣與酸味，
製作成的麵包，帶有獨特的香氣和風味，歐式麵包常運用的酵種。

魯邦種｜培養

第1天

① 所需材料。裸麥粉50g、飲用水50g、新鮮酵母0.1g。

② 將飲用水、新鮮酵母先融解均勻，加入裸麥粉攪拌均勻（麵溫25℃）。

③ 覆蓋保鮮膜，室溫靜置發酵約24小時。

④ Day1狀態。

第2天

⑤ 所需材料。發酵液種全部、法國粉100g、飲用水100g、細砂糖20g。

⑥ 取第1天的發酵液種全部，加入其他材料充分拌勻（麵溫25℃）。

⑦ 覆蓋保鮮膜，室溫靜置發酵約24小時。

⑧ Day2狀態。

第3天

⑨ 所需材料。發酵液種全部、法國粉200g、飲用水200g。

⑩ 取第2天的發酵液種全部，加入飲用水充分拌勻（麵溫25℃）。

⑪ 覆蓋保鮮膜，在室溫靜置發酵約24小時。

⑫ Day3狀態。

後續餵養

第4天

⑬ 將完成的魯邦種（麵溫25℃），加入法國粉200g、飲用水200g攪拌混合均勻，覆蓋保鮮膜，冷藏發酵。

POINT｜第3天後的魯邦種餵養，將前種魯邦種，加上法國粉200g、飲用水200g來持續餵養即可。

POINT｜若不直接使用，可放冰箱冷藏約可保存4天，第4天再餵養（其後每4天餵養1次）。

製作美味餡料＆淋醬

蜜釀果乾，飽滿醇厚香氣風味；甜餡醇香溫潤，鹹餡鹹香順口…
蜜製、慢熬，自製的迷人好味加乘，讓手作的麵包烘焙，更添美味香氣，
這裡將就醸漬果乾，與鹹甜餡料的基本製作介紹，
學會這些製法，加入麵包中運用，讓您烘焙出滿滿喜悅與成就。

蜜製。封存果物色澤芳香

以酒浸漬果乾，封存果乾的完整香氣與色澤，提釋出果物獨有的特色風味。

01
酒漬葡萄乾

材料：葡萄乾380g、紅酒380g

作法：將葡萄乾汆燙，待冷卻，加入紅酒浸泡入味，備用。

02
酒漬黃金葡萄

材料：黃金葡萄200g、紅酒200g

作法：將黃金葡萄乾汆燙，待冷卻，加入紅酒浸泡7天至入味，備用。

03
酒漬柳橙皮

材料：柳橙皮200g、橙酒200g

作法：將柳橙皮、橙酒混合浸泡入味（約7天）備用。

04
酒漬橘子皮

材料：橘子皮40g、橙酒40g

作法：將橘子皮、橙酒混合浸泡入味（約7天）備用。

05
酒漬蔓越莓

材料：蔓越莓乾300g、蔓越莓酒300g

作法：將蔓越莓乾、蔓越莓酒混合浸泡入味（約7天）備用。

06
紅酒漬香蕉

材料：香蕉乾250g、紅酒250g

作法：將香蕉乾與紅酒浸泡入味（約7天）備用。

07
綜合水果乾

材料：葡萄乾850g、柳橙絲140g、檸檬丁140g、肉桂粉1g、白酒100g、核桃20g、夏威夷豆43g

作法：
①夏威夷豆、核桃以上下火150℃，烘烤15分鐘。
②將烤過的堅果、所有綜合果乾等材料浸漬製3個月，過程中需每天翻面。

慢熬。香甜化口溫潤柔滑

細工慢熬,保留食材完整的香氣與絕佳的口感質地,帶出協調滑順口感。

01

紅豆餡　　（冷藏3天）

材料：紅豆300g、細砂糖200g、精緻麥芽65g

作法：

① 水煮沸,放入浸泡軟紅豆煮約50分鐘,熄火再燜煮約10分,瀝乾水分。

② 將紅豆、細砂糖放入乾鍋中拌炒至濃稠收乾（推動鍋底流動性佳狀態）。

③ 加入麥芽拌炒至濃稠收乾（推動鍋底流動性佳狀態）,鋪平待冷卻,覆蓋保鮮膜冷藏1天隔日使用。

02

芋頭餡　　（冷藏3天）

材料：芋頭600g、細砂糖190g、橄欖油50g

作法：

① 將芋頭去皮、切片後,蒸約45分鐘至熟。

② 將蒸好芋頭趁熱,加入細砂糖攪拌均勻。

③ 再加入橄欖油拌勻,鋪平,待冷卻,覆蓋保鮮膜冷藏1天使用。

03

香草卡士達

材料：

Ⓐ 鮮奶500g、香草莢1/2支

Ⓑ 低筋麵粉25g、細砂糖100g、蛋黃90g、玉米粉25g

Ⓒ 無鹽奶油25g、君度橙酒5g

作法：

① 將香草籽連同香草莢、鮮奶加熱煮沸後,沖入到混合拌勻的材料Ⓑ中拌勻。

② 拌煮至中心點沸騰起泡至濃稠,關火,加入奶油拌至融合,再加入橙酒拌勻倒入平盤中,待冷卻,覆蓋保鮮膜。

04

日式奶油起司餡

材料：奶油乳酪500g、上白糖113g、奶粉50g、蛋黃40g、動物鮮奶油25g

作法：

① 將奶油乳酪、上白糖攪拌均勻,加入奶粉充分拌勻。

② 分次緩慢加入蛋黃、鮮奶油繼續攪拌均勻,冷藏靜置隔夜備用。

05
玫瑰草莓餡

材料：草莓乾300g、草莓果泥300g、玫瑰花瓣醬100g、水300g、低筋麵粉120g

作法：

① 將草莓乾、草莓果泥、水加熱煮沸，加入玫瑰花瓣醬拌煮。

② 加入過篩低筋麵粉拌煮均勻，即成玫瑰草莓餡。

06
荔枝覆盆子餡

材料：
Ⓐ 新鮮荔枝80g、冷凍覆盆子15g、荔枝乾35g
Ⓑ 無鹽奶油15g、全蛋20g、細砂糖50g、低筋麵粉63g

作法：

① 將材料Ⓐ混合打成汁，加入細砂糖、奶油加熱煮沸。

② 加入蛋、過篩的低筋麵粉混合拌煮均勻。

07
咖哩餡　（冷藏7天、冷凍1個月）

材料：
Ⓐ 洋菇100g、洋蔥3顆、培根100g、牛絞肉500g、豬絞肉500g、雞絞肉200g
Ⓑ 橄欖油適量、咖哩粉200g、高筋麵粉100g、荳蔻粉5g、孜然粉5g、鹽2g、黑胡椒2g
Ⓒ 紅酒60g、起司粉30g

作法：
① 鍋中倒入橄欖油預熱，加入培根丁煸炒出香氣，再放入洋菇、洋蔥炒香。

② 待炒熟後加入牛、豬、雞絞肉拌炒熟，加入調味料拌煮，轉中強火拌炒至收汁。

③ 加入紅酒稍拌炒，再加入起司粉炒至濃稠，待冷卻，密封，冷藏1晚。

08
鏡面巧克力

材料：細砂糖45g、可可粉22g、動物鮮奶油84g、水81g、72%巧克力90g

作法：

① 水、動物鮮奶油、細砂糖混合煮沸，加入可可粉拌勻，待再度沸騰後關火。

② 加入72%巧克力以餘溫使其融解拌勻，過篩均勻後，待涼備用。

鹽の花可頌（塩バターロール）

結合法式麵包的口感，在中心捲入奶油，
烘烤後形成酥脆焦香口感，表層鹽之花讓
麵包吃起來尾韻回甘，不油膩。

青森蘋果卡士達
（青森リンゴクリーム）

結合青森知名蘋果為搭配的菓子麵包，內
層奶油餡烘托出蘋果的綿密香甜，可愛造
型令人喜愛。

味蕾漫遊，
日式麵包美味巡禮

因各地的盛產、穀物不同，造就各式麵包的風格特性，
日本各地都有極具代表性的麵包名物，
獨特的形狀與風味，深受大眾喜愛…
這裡將透過味蕾的漫遊，帶您進行味蕾的享受之旅，
再以手感體驗，尋味和風獨有的口感美味。

酒種紅豆麵包（あんパン）

源於「木村屋」以酒種製作出的紅豆麵
包，享譽盛名，是日本非常重要的點心麵
包的代表。柔軟綿密的口感中，帶有迷人
香氣；有多樣的口味與形式。

珍珠菠蘿（メロンパン）

表面有著類似餅乾的質地，帶有獨特的酥
脆口感，有貌似紡錘狀，以及帶格紋等多
變化的口味與造型。

巧克力紅酒芭娜娜
（ワインチョコバナナ）

利用食材風味，融合歐包工法創新變化，
將果風的自然香氣及甜味帶出，香氣口感
別具。

螺旋麵包（コロネ）

螺旋貝狀麵包體中填擠著以卡士達、巧克力為主的內餡，鬆軟內層中又帶濃醇的香味，是廣受喜愛的點心麵包。

奶油麵包（クリームパン）

相傳源於泡芙的感動而產生的麵包，內裡包著香濃滑順的卡士達（克林姆），形狀有熊掌、圓形等不同造型。

炙燒明太子（明太フランス）

明太子麵包與大蒜麵包都是日本的代表性麵包。以福岡名物明太子，與香脆的法國麵包搭配，炙燒滲入的醇厚鮮美帶出深沉的香氣風味。

吐司（食パン）

「食パン」有山形與方形不同的形狀。英式「ハードトースト」不帶蓋烤焙，烘焙後頂部膨起如山丘，又稱「山形食パン」。美式「食パン」加蓋烘烤，烤後形狀四方，又稱「角食パン」。

湯種貝果（ベーグル）

使用溫熱的麵種「湯種製法」製作，成製的貝果表層分布著微小氣泡（鳥眼），帶有Q彈紮實的嚼勁口感。

1

人氣話題的
點心麵包

口味多元！美味更加分的有料點心麵包

Bread / 01
珍珠菠蘿

金黃色、凹凸裂痕的脆皮狀似菠蘿樣貌而得名，
也有哈密瓜麵包之稱。
外層香脆酥軟，內層柔軟的雙層口感，
最是菠蘿麵包引人之處。
菠蘿麵包的花樣除了菱格圖紋，還有包奶油，
表面鋪有巧克力豆外皮，
鋪著黏而軟的糖蛋白酥皮等等，種類之多，
廣受各年齡層喜愛的麵包。

INGREDIENTS

麵團（份量9個）

Ⓐ 高筋麵粉…250g
　 上白糖…38g
　 岩鹽…4g
　 新鮮酵母…8g
　 全蛋…38g
　 鮮奶…50g
　 水…78g
Ⓑ 無鹽奶油…25g
　 發酵奶油…38g

結構類型
珍珠糖
＋
菠蘿皮
＋
軟質RICH類麵團

日式菠蘿皮

無鹽奶油…85g
上白糖…160g
全蛋…85g
低筋麵粉…293g

表面

珍珠糖1號

METHODS

● 日式菠蘿皮

① 將無鹽奶油、上白糖先攪拌混合至糖融化。

② 加入全蛋攪拌至完全融合。

③ 加入過篩的低筋麵粉攪拌混合至無粉粒。

④ 即成日式菠蘿，密封冷凍。

● 攪拌麵團

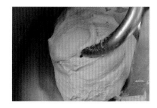

⑤ 將所有材料Ⓐ以慢速攪拌成團，轉中速攪拌至光滑面。

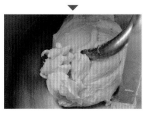

⑥ 加入材料Ⓑ以慢速攪拌至均勻。

⑦ 再以中速攪拌至麵筋形成，呈均勻薄膜即可（完成麵溫約26℃）。

● 基本發酵

⑧ 整理麵團成圓滑狀態，基本發酵60分鐘。

◉ 分割、中間發酵

⑨ 分割麵團成60g×9個，將麵團滾圓後中間發酵30分鐘。

⑬ 用手掌稍按壓使其緊密貼合。

⑰ 抓住底部收合處，將表面沾裏上珍珠糖，最後發酵60分鐘（濕度75%、溫度30℃）。

POINT | 蓋上菠蘿皮的麵團搓圓時，須將麵團放於手掌上，以另一手輕搓搓圓讓菠蘿皮覆蓋住，避免烤焙過程中菠蘿皮滑動致使外觀變形。

◉ 整型、最後發酵

⑩ 將菠蘿麵團分切成40g×9個。

⑭ 再放置手掌上整型，捏緊底部收合。

◉ 烘烤

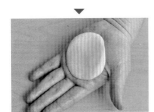

⑪ 滾圓，按壓成略小於麵團的圓扁形。

⑮ 使菠蘿皮完全包覆麵團。

⑱ 放入烤箱，以上火210℃／下火180℃，烤約15分鐘。

POINT | 烤烘完成後連同烤盤一起稍震敲，震出空氣，以避免麵包凹陷。

⑫ 再將圓扁狀的菠蘿皮覆蓋在麵團上。

⑯ 整型成圓球狀。

Bread / 02
埃及奶油

「埃及奶油」是款相當典型的歐風主食麵包之一，
融化奶油滲入麵團中，使鬆軟的麵包散發濃醇奶油香氣，
表層均勻灑上的細砂糖，帶出焦糖般的層次風味特別，
吃起來口感十足，加上砂糖的提味，更添香氣口感相當美味順口。

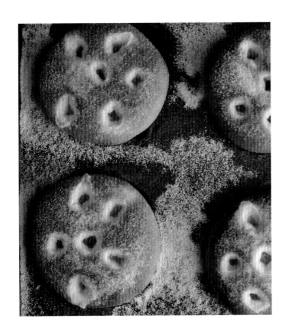

③ 分次加入材料Ⓑ以慢速攪拌至均勻。

⑦ 將麵團滾圓,輕壓扁,擀成圓扁狀,翻面。

④ 再以中速攪拌至麵筋形成呈均勻薄膜即可(完成麵溫約26℃)。

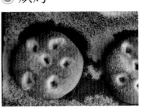

⑧ 放入烤盤最後發酵60分鐘(濕度75%、溫度30℃)。

INGREDIENTS

麵團(份量10個)

Ⓐ 高筋麵粉…250g
　上白糖…50g
　鹽…5g
　新鮮酵母…10g
　全蛋…100g
　水…25g
　法國老麵(P24)…50g
Ⓑ 無鹽奶油…125g

表面(每份)

有鹽奶油…6個
細砂糖…足量

結構類型
細砂糖
+
奶油丁
+
軟質RICH類麵團

METHODS

◉ 前置處理

① 將有鹽奶油切成長×寬×高為1cm立方體。

◉ 基本發酵

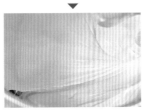

⑤ 整理麵團成圓滑狀態,基本發酵60分鐘,拍平做3折1次翻麵再發酵約30分鐘。

⑨ 用手指在麵團表面輕戳出6個小凹洞,並在凹洞裡放入奶油丁,再撒上一層足量的細砂糖。

◉ 攪拌麵團

② 將老麵、材料Ⓐ以慢速攪拌成團,轉中速攪拌至光滑面。

◉ 分割、中間發酵

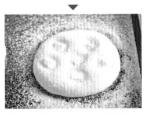

⑥ 分割麵團成60g×10個,將麵團滾圓後中間發酵30分鐘。

◉ 烘烤

⑩ 放入烤箱,以上火200℃／下火180℃,烤約10分鐘。

POINT | 麵團表面因撒有細砂糖上色較快,約6-7分鐘時要開始注意麵團是否已上色,避免烤焦。

Bread / 03
青森蘋果卡士達

質地Q軟濕潤的麵包體中，包覆蜜煮的清甜蘋果，
再填充滑順香濃滿滿的卡士達餡，
融合了蜜煮過蘋果的酸甜香味，
外型十足討喜，滋味令人著迷。

MOULD

· 94mm×83mm×35mm大圓模

INGREDIENTS

麵團（份量10個）

Ⓐ 高筋麵粉⋯250g
上白糖⋯38g
岩鹽⋯4g
新鮮酵母⋯8g
全蛋⋯38g
鮮奶⋯50g
水⋯78g

Ⓑ 無鹽奶油⋯25g
發酵奶油⋯38g

內餡

香草卡士達（P32）

蜜煮蘋果

細砂糖⋯350g
水⋯350g
蘋果（對切）⋯3顆
肉桂粉⋯1g

表面用

薄荷葉

結構類型
薄荷葉
＋
香草卡士達
＋
蜜煮蘋果
＋
軟質RICH類麵團

METHODS

● 蜜煮蘋果

① 將蘋果洗淨，帶皮對切成二、去果核。

② 將蘋果片面朝下，放入鍋中，再加入水、細砂糖、肉桂粉，蜜煮到香味溢出。

③ 待蜜煮至軟化、收汁入味，再將蘋果切面翻面朝上。

④ 即成蜜煮蘋果。

> **POINT** | 選用口感稍偏硬的蘋果。蜜煮蘋果時，以中火熬煮即可，不要熬煮過爛，以蜜煮到蘋果甜中帶著些許口感的狀態，風味最好。

● 攪拌麵團

⑤ 將所有材料Ⓐ以慢速攪拌成團，轉中速攪拌至光滑面。

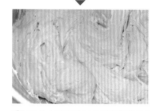

⑥ 加入材料Ⓑ以慢速攪拌至均勻。

⑦ 再以中速攪拌至麵筋形成，呈均勻薄膜即可（完成麵溫約26℃）。

● 基本發酵

⑧ 整理麵團成圓滑狀態，基本發酵60分鐘。

● 分割、中間發酵

⑨ 分割麵團成50g×10個，將麵團滾圓後中間發酵30分鐘。

● 整型、最後發酵

⑩ 將麵團輕滾圓排出空氣。

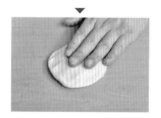

⑪ 稍拍扁，用手掌處按壓成中間稍厚邊緣稍薄的圓片。

⑫ 在麵皮中間放入蜜煮蘋果（1/4個）。

⑬ 將麵皮朝中間拉攏收合。

⑭ 捏合收口，整型成圓球狀。

⑮ 將收口朝底，放入已噴上烤盤油的圓形模中，最後發酵60分鐘（濕度75%、溫度30℃）。

● 烘烤

放入烤箱，以上火180℃／下火200℃，烤約10分鐘。待冷卻，在中間壓出小圓孔，再將卡士達填充入蜜蘋果中，表面放上薄荷葉。

巧克力甜心可頌

以低糖油麵團製作，結合歐式及日式麵包的口感，
麵包口感介於歐包及甜麵包之間，
內裡包藏濃郁香醇的巧克力，香甜卻不膩，帶尾韻香甜，
外脆內軟，富彈性嚼感，入口充滿可可甜味與香氣，越嚼越香甜。

INGREDIENTS

麵團 (份量11個)

法國粉…250g
岩鹽…4g
可可粉…10g
低糖乾酵母…2g
法國老麵 (P24)…50g
水…170g

內餡

巧克力棒…11根

結構類型
巧克力棒
＋
硬質類LEAN麵團

METHODS

◎ 攪拌麵團

① 將老麵與所有材料放入攪拌缸中。

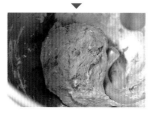

② 以慢速先混合攪拌成團。

③ 轉中速攪拌至光滑面,至麵筋形成均勻薄膜即可(完成麵溫約26℃)。

◎ 基本發酵

④ 整理麵團成圓滑狀態,基本發酵45分鐘,拍平做3折1次翻麵再發酵約45分鐘。

◎ 分割、中間發酵

⑤ 分割麵團成45g×11個,將麵團滾圓後中間發酵30分鐘。

◎ 整型、最後發酵

⑥ 將麵團搓揉成橢圓。

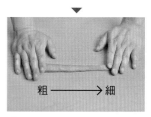

粗 ———→ 細

⑦ 再搓揉成一端稍厚一端漸細的圓錐狀。

⑧ 用擀麵棍從圓頂端處往下邊擀平,邊拉住底部延展。

⑨ 翻面，再從上而下擀平延展。

⑬ 收口於底，成型。

POINT | 注意左右對稱，略緊的將麵團捲起，可使可頌組織層次更分明。

⑩ 並在圓端處下放上巧克力棒。

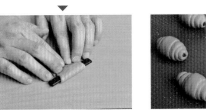

⑪ 再從圓端外側邊緣略為反折，並輕輕按壓。

⑭ 將成型麵團收口朝下，排列烤盤上，最後發酵約60分鐘（濕度75%、溫度30℃）。

● 烘烤

⑫ 由上而下順勢捲起至底成圓筒狀。

⑮ 放入烤箱，先蒸氣3秒，以上火220℃／下火190℃，烤約13分鐘。

Butter Roll可頌美味延伸！

除了濃醇的巧克力甜心口味，中間的巧克力棒也可以改用蜜漬柳橙條來取代，橙條淡淡的香氣與巧克力的風味相當搭配。此外，還可運用帶有深度香氣的抹茶來變化，將麵團中的可可粉（10g）用抹茶粉（10g）代替，做成帶有深沉香氣的抹茶麵團，中間用紅豆餡作為夾層餡，依照圖說作法捲製成型即可。

薄皮芋香麵包

源於日本糕點麵包（菓子麵包）搭配上濃厚香甜的芋頭餡，
就成了討人喜愛的菓子麵包，柔軟香甜，
如同紅豆麵包般渾圓可愛的造型，
甜美又可口，可做內餡變化。

③ 再以中速攪拌至麵筋形成，呈均勻薄膜即可（完成麵溫約26℃）。

⑦ 將麵皮往中間拉攏包覆住內餡。

◉ 基本發酵

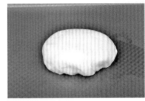

④ 整理麵團成圓滑狀態，基本發酵60分鐘。

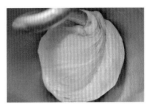

⑧ 捏合收口，整型成圓球狀，最後發酵60分鐘（濕度75%、溫度30℃）。

INGREDIENTS

麵團（份量17個）

Ⓐ 高筋麵粉…250g
　上白糖…55g
　岩鹽…4g
　水…110g
　蛋黃…15g
　新鮮酵母…15g
Ⓑ 無鹽奶油…55g

內餡

芋頭餡（P32）…510g

表面

蛋液、白芝麻

結構類型
白芝麻
＋
芋頭餡
＋
軟質RICH類麵團

METHODS

◉ 攪拌麵團

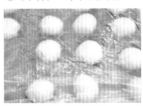

① 將所有材料Ⓐ以慢速攪拌成團。

◉ 分割、中間發酵

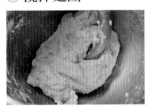

⑤ 分割麵團成30g×17個，將麵團滾圓後中間發酵30分鐘。

◉ 整型、最後發酵

⑥ 將麵團輕拍扁，用手掌按壓成中間稍厚邊緣稍薄的圓片，中間按壓抹入芋頭餡（30g）。

◉ 烘烤

⑨ 表面塗刷蛋液，並將擀麵棍沾裹上少許白芝麻按壓麵團中心處即可。

② 轉中速攪拌至光滑面，加入材料Ⓑ以慢速攪拌至均勻。

⑩ 放入烤箱，以上火200℃／下火180℃，烤約8分鐘。

Bread / 06
丹波黑豆白燒麵包

類似厚餡餅的扁圓形麵包，
常以野菜、鮪魚，或紅豆、地瓜餡等餡料。
包有滿滿餡料的麵包，
好吃又有飽足感，非常美味；
這裡以奶油起司餡與蜜漬黑豆為搭配，
令人驚艷的和風定番組合，
白色烤色是此款麵包重要的特徵，
烤焙時千萬別烤出焦黃色。

③ 加入蜜漬黑豆拌勻（完成麵溫約26℃）。

⑦ 在中間抹入日式奶油起司餡（10g）。

● 基本發酵

④ 整理麵團成圓滑狀態，基本發酵60分鐘。

⑧ 將麵皮對折拉起包覆內餡。

INGREDIENTS

麵團（份量13個）

Ⓐ 高筋麵粉…500g
　上白糖…50g
　岩鹽…10g
　全脂奶粉…20g
　新鮮酵母…15g
　動物鮮奶油…100g
　水…315g
Ⓑ 發酵奶油…30g
　蜜漬黑豆…250g

內餡

日式奶油起司餡（P32）…130g

結構類型

日式奶油起司餡
＋
軟質RICH類麵團

METHODS

● 攪拌麵團

① 將所有材料Ⓐ以慢速攪拌成團，轉中速攪拌至光滑面。

● 分割、中間發酵

⑤ 分割麵團成100g×13個，將麵團滾圓後中間發酵30分鐘。

POINT｜奶油餡需冷藏隔夜用，讓餡料收乾後再使用較好包餡。

⑨ 捏合收口，整型成圓球狀，最後發酵60分鐘（濕度75%、溫度30℃）。

● 整型、最後發酵

② 加入發酵奶油慢速攪拌均勻，再以中速攪拌至麵筋形成，呈均勻薄膜即可。

⑥ 將麵團滾圓，輕拍按壓成中間稍厚邊緣稍薄的圓形片狀。

● 烘烤

⑩ 在麵包表面覆蓋烤焙紙，壓蓋上烤盤，放入烤箱，以上火180℃／下火180℃，烤約10分鐘。

POINT｜為表現出白麵包的特色，以低溫烘烤，燜烤的方式烘烤，別讓麵團的表面烤出焦黃色。

Bread / 07
莓果奶露維也納

香甜墨西哥醬擠在Q彈的麵團表面上，
做成美麗的圖紋花樣，每口都吃得到奶蛋香氣，
猶如蛋糕般細緻質地，口感鬆軟綿密，
加上柔順奶霜餡與香甜誘人的草莓，
視覺與味覺的多重饗宴。

INGREDIENTS

麵團（份量9個）

Ⓐ 高筋麵粉…250g
　 上白糖…38g
　 岩鹽…4g
　 新鮮酵母…8g
　 全蛋…38g
　 鮮奶…50g
　 水…78g
Ⓑ 無鹽奶油…25g
　 發酵奶油…38g

黃金墨西哥醬

糖粉…150g
蛋黃…320g
低筋麵粉…250g

奶油霜

無鹽奶油…300g
軟質白巧克力…100g
果糖…30g

裝飾（每份）

草莓…2顆
開心果碎…適量
防潮糖粉…適量

結構類型
糖粉、草莓
＋
奶油霜
＋
黃金墨西哥餡
＋
軟質RICH類麵團

METHODS

◉ 黃金墨西哥醬

① 將低筋麵粉、糖粉用槳狀攪拌器攪拌均勻後，再轉中速攪拌，並分次緩慢加入蛋黃攪拌均勻即可。

◉ 奶油霜

② 將無鹽奶油、軟質白巧克力、果糖混合後，以球狀攪拌器攪拌打發即可。

◉ 攪拌麵團

③ 麵團攪拌參照「珍珠菠蘿」P37-39，作法5-8的製作方式，攪拌、基本發酵，完成麵團的製作。

◉ 分割、中間發酵

④ 分割麵團成60g×9個，將麵團滾圓後中間發酵30分鐘。

◉ 整型、最後發酵

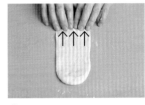

⑤ 將麵團稍拍壓扁，從中間朝上、下擀平成橢圓片狀，翻面，底部麵團稍按壓延壓展開（幫助黏合）。

⑥ 從前端往下反折稍按壓緊，再捲折至底捲折至底，收口於底成長條狀。

⑦ 稍搓揉兩端整型。

⑧ 最後發酵60分鐘（濕度75%、溫度30℃），在表面擠上連續S狀的黃金墨西哥醬。

◉ 烘烤

⑨ 放入烤箱，上火200℃／下火180℃，烤約10分鐘。待涼，將麵團從中間縱切剖開，在切口處擠入奶油霜。

⑩ 表面均勻篩灑上防潮糖粉，再整齊放上切半的新鮮草莓即成。

Bread / 08
粉雪檸檬布里歐

柔軟麵包體中鑲嵌一層檸檬乳酪餡，
再搭配微酸香甜的檸檬凍，展現多層次口感，
結合菓子創意，新食口感的布里歐菓子麵包。

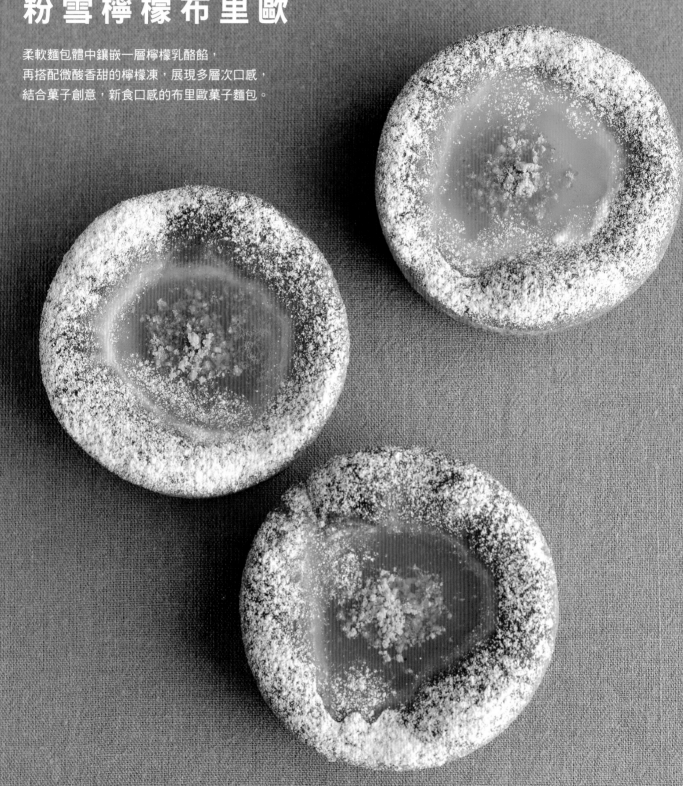

MOULD

- 94mm×83mm×35mm
  大圓模

INGREDIENTS

液種（份量9個）
法國粉…60g
鮮奶…60g
新鮮酵母…0.2g

主麵團
Ⓐ 高筋麵粉…140g
　新鮮酵母…7g
　細砂糖…30g
　鹽…3g
　奶粉…4g
　全蛋…40g
　蛋黃…30g
Ⓑ 無鹽奶油…66g

內餡－乳酪檸檬餡
Ⓐ 奶油乳酪…125g
　細砂糖…25g
　香草棒（籽）…0.5g
Ⓑ 鮮奶…40g
　動物鮮奶油…32g
　檸檬汁…3g

檸檬果凍（每個15g）
檸檬果泥…300g
檸檬汁…2g
細砂糖…30g
果膠粉…5g

表面
防潮糖粉、開心果碎

結構類型
糖粉、開心果碎
＋
檸檬果凍
＋
乳酪檸檬餡
＋
軟質RICH類麵團

METHODS

◉ 事前處理

① **乳酪檸檬餡**。將材料Ⓐ以槳狀攪拌器拌勻，再分次緩慢加入材料Ⓑ拌勻，密封、冷藏靜置隔夜備用。

◉ 攪拌麵團

② **液種**。將法國粉、鮮奶、新鮮酵母混拌至成粗薄膜，基本發酵1小時，冷藏1天。

③ **主麵團**。將作法2、所有材料Ⓐ以慢速攪拌成團，轉中速攪拌至光滑面，加入材料Ⓑ以慢速攪拌均勻。

④ 再以中速攪拌至麵筋形成，呈均勻薄膜即可（完成麵溫約26℃）。

◉ 基本發酵

⑤ 整理麵團成圓滑狀態，基本發酵60分鐘。

◉ 分割、冷藏鬆弛

⑥ 分割麵團成50g×9個，將麵團滾圓後冷藏鬆弛約30分鐘（可將麵團放入冷藏庫鬆弛，整型時會較好塑型）。

◉ 整型、最後發酵

⑦ 將麵團滾圓，稍輕拍扁後擀平成厚度均勻的圓片狀。

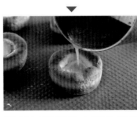

⑧ 將圓形麵皮鋪放入模型中，並以手指沿著烤模邊緣輕壓，讓麵皮邊緣稍立高緊貼烤模。

⑨ 擠入檸檬乳酪餡（15g），最後發酵60分鐘（濕度75%、溫度30℃）。

◉ 烘烤

⑩ 放入烤箱，以上火200℃／下火200℃，烤約10分鐘。

⑪ **檸檬果凍**。細砂糖、果膠粉先混勻。將檸檬果泥、檸檬汁加熱煮沸，加入混合砂糖、果膠粉拌勻即可。

⑫ 將圓形凹槽中倒入檸檬果凍，待凝固，表面覆蓋圓形紙模，再沿著圓邊篩灑防潮糖粉，中間用開心果碎裝飾。

Bread / 09

金莎南瓜乳酪

外型精巧的金莎南瓜麵包！
Q彈柔軟的金黃外皮，包裹香濃綿密的南瓜餡，
香甜鬆軟不膩口，豐富了口感層次，
搭配堅果與金黃烤色，營造美麗視覺效果，好看又好吃！

MOULD

· 73mm×39mm花型模

INGREDIENTS

麵團（份量20個）

Ⓐ 高筋麵粉…250g
上白糖…38g
岩鹽…4g
新鮮酵母…8g
全蛋…38g
鮮奶…50g
南瓜泥…75g
水…85g
Ⓑ 無鹽奶油…25g
發酵奶油…38g

結構類型
糖粉
+
開心果碎
+
杏仁片
+
南瓜餡
+
軟質RICH類麵團

內餡

南瓜餡（市售）…600g

表面

蛋液、杏仁片
開心果碎、防潮糖粉

METHODS

● 攪拌麵團

① 將材料Ⓐ以慢速攪拌成團，轉中速攪拌至光滑面。

② 加入材料Ⓑ以慢速攪拌至均勻。

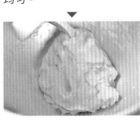

③ 再以中速攪拌至麵筋形成，呈均勻薄膜即可（完成麵溫約26℃）。

● 基本發酵

④ 整理麵團成圓滑狀態，基本發酵60分鐘。

● 分割、中間發酵

⑤ 分割麵團成30g×20個，將麵團滾圓後中間發酵30分鐘。

● 整型、最後發酵

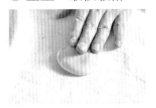

⑥ 將麵團滾圓，輕拍按壓成厚度均勻的圓形狀。

⑦ 在中間按壓抹入南瓜餡（30g）。

⑧ 將麵皮對折拉起包覆內餡，捏合收口，整型成圓球狀。

⑨ 將作法8表面薄刷蛋液，沾裹杏仁片，放入已噴上烤盤油的模型中，最後發酵60分鐘（濕度75%、溫度30℃）。

● 烘烤

⑩ 放入烤箱，以上火200℃／下火180℃，烤約10分鐘。脫模，篩灑防潮糖粉，並以開心果碎裝飾。

因賽馬德

因賽馬德（日文：エンサイマダ）最早發源於西班牙，
以蝸狀造型為其特色，
相傳是馬尼拉機場的特色麵包，日本人將其帶回境內發揚，
在當地至今仍為日本麵包店裡常見的暢銷款式麵包。

MOULD

· 94mm×83mm×35mm
大圓模

INGREDIENTS

麵團（份量10個）
Ⓐ 高筋麵粉…250g
　上白糖…38g
　岩鹽…4g
　新鮮酵母…8g
　全蛋…38g
　鮮奶…50g
　水…78g
Ⓑ 無鹽奶油…25g
　發酵奶油…38g

內餡
香草卡士達（P32）

裝飾
防潮糖粉

結構類型
糖粉
＋
卡士達餡
＋
軟質RICH類麵團

METHODS

◉ 攪拌麵團

① 麵團攪拌參照「珍珠菠蘿」P37-39，作法5-8的製作方式，攪拌、基本發酵，完成麵團的製作。

◉ 分割、中間發酵

② 分割麵團成50g×10個，將麵團滾圓後中間發酵30分鐘。

◉ 整型、最後發酵

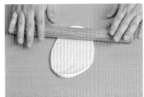
③ 將麵團稍搓圓輕拍扁，擀平成橢圓片，翻面。

④ 將麵團四邊稍做延展，成四方片狀，並將底部稍延壓開（幫助黏合）。

⑤ 在麵團的前端、底部處各擠上卡士達餡。

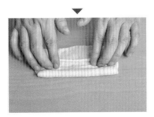
⑥ 將麵團從前端往下折疊包覆卡士達餡，稍按壓捏緊。

⑦ 再從底部往上折疊包覆卡士達餡，稍按壓捏緊。

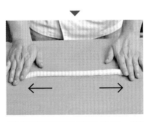
⑧ 接著再翻動對折，用塑膠袋包覆好，冷凍鬆弛15分鐘。

⑨ 將麵團滾動搓揉均勻，延展搓長成約30cm長條狀麵團。

⑩ 將麵團起始端稍傾斜，略拉高。

⑪ 再由中心以捲螺旋的方式盤捲。

⑫ 捲成蝸狀，收合於底，放入已噴上烤盤油的圓模中。

⑬ 最後發酵60分鐘（濕度75%、溫度30℃），篩上糖粉。

◉ 烘烤

⑭ 放入烤箱，以上火200℃／下火200℃，烤約10分鐘。

Bread / 11
孜然黑輪

柔軟麵包主體，搭配濃厚香氣的孜然與黑輪夾餡，
清爽清香的孜然粉混合甘甜糖粉，豐富麵包的滋味口感，
嚼感十足的黑輪與香料香氣的雙重滿足，令人滿足的美味。

MOULD

- 94mm×83mm×35mm
  大圓模

INGREDIENTS

麵團（份量10個）

Ⓐ 高筋麵粉…250g
上白糖…38g
岩鹽…4g
新鮮酵母…8g
全蛋…38g
鮮奶…50g
水…78g

Ⓑ 無鹽奶油…25g
發酵奶油…38g

孜然糖粉

細砂糖…200g
孜然粉…30g

夾層

黑輪…10個

表面

蛋液、披薩絲…100g

```
結構類型
─────────
披薩絲
+
黑輪
+
孜然糖粉
+
軟質RICH類麵團
```

METHODS

◉ 孜然糖粉

① 將細砂糖、孜然粉混合拌勻即可。

◉ 攪拌麵團

② 麵團攪拌參照「珍珠菠蘿」P37-39，作法5-8的製作方式，攪拌、基本發酵，完成麵團的製作。

◉ 分割、中間發酵

③ 分割麵團成50g×10個，將麵團滾圓後中間發酵30分鐘。

◉ 整型、最後發酵

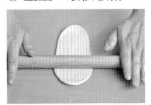

④ 將麵團輕滾圓，擀平成長扁形，翻面。

⑤ 並在底部稍按壓延壓展開（幫助黏合）。

⑥ 在表面灑上孜然糖粉，再將黑輪放置麵團前端處。

⑦ 將前端麵團稍反折按壓貼合。

⑧ 再順勢捲起至底，收口於底，成長條型。

⑨ 將麵團先對切成二，再分切成4等份，以4個為組。

⑩ 將前後兩端的麵團朝上（斷面朝下），連同其他兩個併合排列。

⑪ 連同其他兩個麵團放置模型中，最後發酵60分鐘（濕度75%、溫度30℃），表面塗刷蛋液，撒上披薩絲。

> **POINT** | 入模時，將前後兩端的麵團頭尾面朝上，避免發酵時麵團位移；表面高低不一的狀況，在鋪放披薩絲烘烤後會因而變得平整美觀。

◉ 烘烤

⑫ 放入烤箱，上火200℃／下火200℃，烤約10分鐘。

Bread / 12
咖哩奶油脆起司

咖哩內餡鹹香，搭配奶油乳酪的香濃滑順，
雙重起司完美的結合，底層烘烤成香脆口感，
卡滋外皮和濃郁內餡，趁熱品嚐，銷魂好滋味！

INGREDIENTS

麵團（份量9個）

Ⓐ 高筋麵粉…250g
　上白糖…38g
　岩鹽…4g
　新鮮酵母…8g
　全蛋…38g
　鮮奶…50g
　水…78g
Ⓑ 無鹽奶油…25g
　發酵奶油…38g

內餡

奶油乳酪…90g
咖哩餡（P33）…360g

底層用

披薩絲…180g

```
結構類型

披薩絲
＋
奶油乳酪
＋
咖哩餡
＋
軟質RICH類麵團
```

◉ **整型、最後發酵**

② 將咖哩餡分割成40g×9個。

⑥ 將麵團朝中間拉攏捏合收口，整型成圓球狀。

③ 將麵團稍輕拍扁，成中間稍厚邊緣稍薄的扁圓狀。

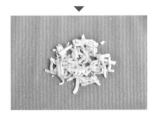

⑦ 將烤盤鋪上烤焙紙，再用披薩絲鋪成圓形狀（直徑略大於麵團）。

④ 在中間按壓抹入咖哩餡（40g）。

⑧ 再放置上麵團，最後發酵60分鐘（濕度75%、溫度30℃）。

> **POINT**｜披薩絲底部的烤盤要先鋪放烤焙紙，以避免烘焙過程中烤焦致使沾黏。

METHODS

◉ **攪拌麵團**

① 麵團攪拌參照「珍珠菠蘿」P37-39，作法5-8的製作方式，攪拌、基本發酵，完成麵團的製作。分割麵團成60g×9個，將麵團滾圓後中間發酵30分鐘。

⑤ 抹上奶油乳酪（10g）。

◉ **烘烤**

⑨ 在麵團表面鋪上烤焙紙，並加壓上散熱網。放入烤箱，以上火180℃／下火220℃，烤約10分鐘。

> **POINT**｜加壓在麵團上的重量不可太重，避免過重導致麵團無法膨脹而過扁塌。

Bread / 13
番茄小圓法國

以番茄天然酵母製作成的純天然美味。
蓬鬆柔軟富彈性，品嚐得到絕妙的香氣，
不論單獨吃或搭配主餐食用都非常美味。

INGREDIENTS

麵團（份量9個）

Ⓐ 法國粉…400g
　高筋麵粉…100g
　番茄酵母種（P28）…200g
　番茄糊…100g
　蜂蜜…25g
　鹽…7.5g
　鮮奶…100g
　水…100g
Ⓑ 無鹽奶油…25g
Ⓒ 油漬番茄…75g
　黑橄欖…50g
　迷迭香…2.5g

結構類型
裸麥粉 ＋ LEAN硬質類麵團

METHODS

◉ 攪拌麵團

① 將所有材料Ⓐ以慢速攪拌成團。

② 轉中速攪拌至光滑面，加入材料Ⓑ以慢速攪拌均勻。

③ 再以中速攪拌至9分筋後，加入材料Ⓒ攪拌均勻即可（完成麵溫約26℃）。

◉ 基本發酵

④ 整理麵團成圓滑狀態，基本發酵60分鐘，拍平做3折1次翻麵再發酵約30分鐘。

◉ 分割、中間發酵

⑤ 分割麵團成130g×9個，將麵團滾圓後中間發酵30分鐘。

◉ 整型、最後發酵

⑥ 將麵團稍輕拍，將麵團表面推展開再拉整收合，搓整成圓球狀。

⑦ 收口朝下放烤盤，最後發酵90分鐘（濕度75%、溫度30℃）。

⑧ 在表面均勻篩灑裸麥粉。

⑨ 用割紋刀輕劃出切痕即可。

> **POINT** ｜ 此麵團未添加商業酵母，基本發酵時較不易察覺麵團發酵狀態，最後發酵與烘烤時膨脹度也不比添加工業酵母來的好，但不影響成品的口感。

◉ 烘烤

⑩ 放入烤箱，先蒸氣3秒，以上火220℃／下火200℃，烤約10分鐘。

Bread / 14
青醬蘑菇普羅旺斯

結合大自風味的麵包,並添加自製青醬、蘑菇餡搭配,
不論色澤、香氣、口感,絕對能刺激味蕾的點心麵包,
滿滿的蔬果咬下還有蔬果鮮甜味,與濃郁起司香氣,
即使涼了吃起來仍然非常鬆軟可口。

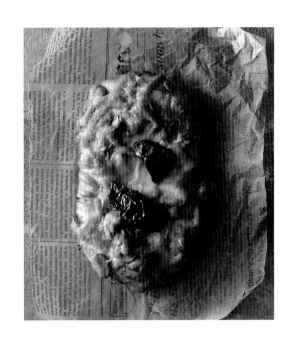

INGREDIENTS

麵團（份量8個）
法國粉⋯500g
麥芽精⋯1g
鹽⋯9g
水⋯340g
低糖乾酵母⋯2g

蘑菇餡（取400g）
洋蔥⋯250g
蘑菇⋯250g
白胡椒⋯3.5g
鹽⋯2.5g
無鹽奶油⋯60g

表面
油漬番茄⋯32個
青醬⋯適量
起司絲⋯適量

結構類型
油漬番茄
+
起司絲
+
蘑菇餡
+
青醬
+
LEAN硬質類麵團

METHODS

● 蘑菇餡

① 熱鍋放入奶油加熱融化，加入洋蔥絲炒軟，再加入蘑菇拌炒軟化。

② 加入白胡椒、鹽調味拌勻，即成蘑菇餡。

● 攪拌麵團

③ 將法國粉、麥芽精、水以慢速攪拌均勻。

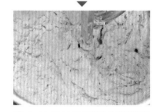

④ 加入低糖乾酵母後稍攪拌1-2分鐘。

● 基本發酵

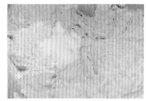

⑤ 靜置30分鐘，加入岩鹽以慢速攪拌均勻。

⑥ 再以中速攪拌10秒，至麵筋形成均勻薄膜（完成麵溫約23℃）。

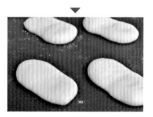

⑦ 整理麵團成圓滑狀態，基本發酵45分鐘，拍平做3折1次翻麵，冷藏鬆弛約18小時。

● 分割、中間發酵

⑧ 分割麵團成100g×8個，將麵團搓揉成紡錘狀，中間發酵30分鐘。

● 整型、最後發酵

⑨ 將麵團輕滾圓、稍拍壓扁。

⑩ 將麵團從中間往上、下擀平成橢圓片狀，翻面。

⑪ 整齊間距的排放烤盤，最後發酵60分鐘（濕度75%、溫度30℃）。

⑫ 用抹刀在麵皮中心往外圍均勻塗抹上青醬。

⑬ 再鋪放上蘑菇餡、灑上起司絲、最後鋪上油漬番茄即可。

● 烘烤

⑭ 放入烤箱，先蒸氣3秒，以上火220℃／下火210℃，烤約15分鐘。

青醬

材料：九層塔100g、蔥100g、白胡椒10g、鹽5g、鵝油150g、大蒜泥50g

作法：將九層塔、蔥、白胡椒、鹽、大蒜泥、鵝油依序加入果汁機中攪拌成泥即可。

POINT | 製作青醬時，將食材依序加入攪拌，最後再加入蒜泥及鵝油，鵝油於攪拌同時以緩慢分次加入混合為佳。

Bread / 15
番茄起司魔杖

番茄與九層塔是絕美的搭配組合，
將番茄、九層塔與烘烤也不易融化的起司丁揉入麵團中，
簡單的扭轉成長棍狀，吃得到蔬果清甜、濃郁起司味，
細細品嚐自家製麵包的醍醐味。

INGREDIENTS

麵團（份量6個）

Ⓐ 法國粉…1000g
　　低糖乾酵母…4g
　　水…700g
　　麥芽精…2g
　　岩鹽…18g
Ⓑ 油漬番茄…200g
　　高熔點起司…100g
　　九層塔…20g

表面

裸麥粉…適量

結構類型
裸麥粉
+
番茄起司
+
LEAN硬質類麵團

METHODS

◉ 攪拌麵團

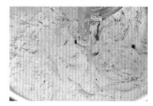

① 將法國粉、麥芽精、水以慢速攪拌均勻，加入低糖乾酵母後稍攪拌1-2分鐘，靜置30分鐘。

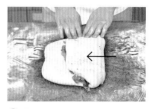

⑤ 將麵團一側1/3往中間折疊覆蓋餡料。

② 加入岩鹽以慢速攪拌均勻。

⑥ 在折疊麵團的表面再鋪放上材料Ⓑ。

③ 再以中速攪拌10秒，至麵筋形成均勻薄膜（完成麵溫約23℃）。

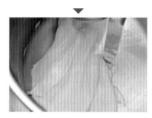

⑦ 將麵團另側1/3往中間折疊覆蓋餡料。

④ 取出麵團邊拍壓邊拉展成片狀，翻面，在中間均勻鋪放上材料Ⓑ。

⑧ 並在折疊麵團的表面再鋪放上材料Ⓑ。

⑨ 再從後端翻面對折收合。

> **POINT** | 以此拌合方式，是為了讓餡料分布均勻，不會影響內餡材料的形態風味。

⑬ 從後端往上折1/3按壓塞緊。

⑰ 用刮板在中間直刀壓切（兩端預留，不切斷）。

㉑ 再呈平行交錯扭轉，捲成麻花棒狀。

> **POINT** | 麵團捲麻花狀時，須將麵團放在裸麥粉中進行作，避免麵粉沾黏並且可使麵團烤焙過程中形成自然紋路。

◉ 基本發酵

⑩ 整理麵團成圓滑狀態，基本發酵45分鐘，拍平做3折1次翻麵，冷藏鬆弛約18小時。

⑭ 再從前端向下折1/3按壓塞緊。

⑱ 再把壓切開的刀口向兩側延展撐開，整型成大環狀。

㉒ 放在折凹槽的發酵帆布上，蓋上發酵帆布，放室溫最後發酵約40分鐘。

◉ 分割、中間發酵

⑪ 分割麵團成300g×6個，將麵團搓揉成紡錘狀，中間發酵30分鐘。

⑮ 按壓接口處形成溝槽，再由溝槽處對折，按壓接合口使其確實黏合。

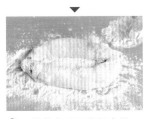

⑲ 再撒放上足量的裸麥粉。

㉓ 表面篩灑上裸麥粉。

◉ 整型、最後發酵

⑫ 將麵團稍拉長，用手輕拍均勻，排出多餘的空氣，翻面。

⑯ 將接合口面朝下放置，稍輕拍壓扁。

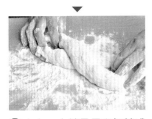

⑳ 由左、右端呈反向扭轉成8字狀。

◉ 烘烤

㉔ 放入烤箱，先蒸氣3秒，以上火220℃／下火210℃，烤約15分鐘。

Bread / 16
金黃玉米麵包球

蘊含小麥自然的風味，作法簡單的入門款，
摻入帶著自然甜味的玉米粒，
自然甘甜和清脆顆粒的口感，純粹迷人的小圓麵包。

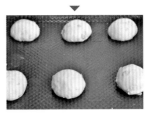

③ 加入玉米粒混合攪拌均勻即可（完成麵溫約26℃）。

⑦ 將麵團拉整收合，捏緊收合口，整型成圓球狀。

◉ 基本發酵

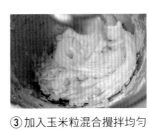

④ 整理麵團成圓滑狀態，基本發酵60分鐘。

⑧ 放入烤盤最後發酵60分鐘（濕度75%、溫度30℃）。

INGREDIENTS

麵團（份量9個）

Ⓐ 法國粉…250g
　低糖乾酵母…3g
　麥芽精…1g
　上白糖…15g
　岩鹽…4g
　全蛋…13g
　鮮奶…25g
　玉米水…28g
　水…98g
Ⓑ 無鹽奶油…13g
　玉米粒…100g

```
結構類型
────────
蛋液
＋
LEAN硬質類麵團
```

METHODS

◉ 攪拌麵團

① 將所有材料Ⓐ以慢速攪拌成團，轉中速攪拌至光滑面。

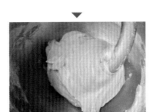

② 加入無鹽奶油以慢速攪拌至均勻，再以中速攪拌至麵筋形成9分筋。

◉ 分割、中間發酵

⑤ 分割麵團成60g×9個，將麵團滾圓後中間發酵30分鐘。

◉ 整型、最後發酵

⑥ 將麵團稍輕拍成厚度均勻圓扁狀，翻面。

◉ 烘烤

⑨ 在表面塗刷蛋液，待表麵稍微風乾，在中央處輕劃刀痕。

⑩ 放入烤箱，以上火220℃／下火200℃，烤約10分鐘。

元氣蛋沙拉布里歐

火腿香氣與起司的搭配相當對味，
切口流淌著融合香氣，表層再層疊柔嫩蛋沙拉；
柔軟香甜的布里歐，搭配渾為整體的層層餡料，
吃得到健康營養，豐富又充滿活力的元氣麵包。

INGREDIENTS

液種（份量10個）
法國粉…75g
鮮奶…75g
新鮮酵母…0.25g

主麵團
🅐 高筋麵粉…175g
　新鮮酵母…9g
　細砂糖…38g
　岩鹽…4.5g
　全脂奶粉…5g
　全蛋…50g
　蛋黃…38g
🅑 無鹽奶油…83g

內餡
火腿…10片
起司片…5片

表面－沙拉蛋
美乃滋…50g
水煮蛋…500g

裝飾
蛋液、海苔粉

結構類型

海苔粉
＋
沙拉蛋
＋
火腿、起司
＋
軟質RICH類麵團

METHODS

◉ 沙拉蛋

① 將水煮蛋切碎與美乃滋混合拌勻備用。

◉ 攪拌麵團

② **液種**。將法國粉、鮮奶、新鮮酵母混合攪拌至成粗薄膜，基本發酵1小時，冷藏1天。

> **POINT** │ 充分發酵的液種，可讓布里歐麵團攪拌時更快速出筋，避免麵溫過高。

▼

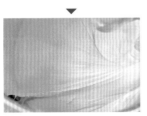

③ **主麵團**。將作法2、材料🅐以慢速攪拌成團，轉中速攪拌至光滑面，加入材料🅑以慢速攪拌至均勻。

▼

④ 再以中速攪拌至麵筋形成，呈均勻薄膜即可（完成麵溫約26℃）。

◉ 基本發酵

⑤ 整理麵團成圓滑狀態，基本發酵60分鐘。

◉ 分割、中間發酵

⑥ 分割麵團成50g×10個，將麵團滾圓後中間發酵30分鐘。

◉ 整型、最後發酵

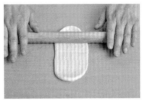

⑦ 將麵團稍拍扁，擀成橢圓片狀，並在底部延壓開（幫助黏合）。

▼

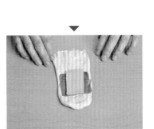

⑧ 再鋪放上火腿片、切半的起司片。

⑨ 從前端往下反折壓合，捲起至底，收口於底，搓揉兩端，整型成橄欖型。

⑩ 在表面輕劃出切痕（深度深及內餡），最後發酵60分鐘（濕度75%、溫度30℃），表面塗刷蛋液。

◉ 烘烤

⑪ 放入烤箱，以上火200℃／下火180℃，烤10分鐘。

⑫ 在麵包表面抹上沙拉蛋（30g），撒上海苔粉即可。

2

獨具特色的

名物麵包

鄉土和風味！從地方名物到節慶應景麵包

Bread / 18
榛果螺旋麵包卷

起源於明治時期，擁有眾多粉絲的日式點心麵包。
有著螺旋貝狀般的可愛外型，
其原始的麵包形狀為三角的螺旋錐狀；
至於其名稱由來，眾說紛紜，有源於法語CORNE角，
以及源於英語CORNET的說法。

MOULD

· 28mm×135mm田螺模具

INGREDIENTS

麵團（份量9個）
Ⓐ 高筋麵粉…250g
　 上白糖…38g
　 岩鹽…4g
　 新鮮酵母…8g
　 全蛋…38g
　 鮮奶…50g
　 水…78g
Ⓑ 無鹽奶油…25g
　 發酵奶油…38g

內餡－榛果卡士達
Ⓐ 鮮奶…500g
　 香草莢…1/2支
Ⓑ 蛋黃…90g
　 細砂糖…100g
　 低筋麵粉…25g
　 玉米粉…25g
　 榛果醬…150g
Ⓒ 無鹽奶油…25g
　 君度橙酒…5g
Ⓓ 蜜核桃…250g

結構類型

榛果卡士達
＋
軟質RICH類麵團

METHODS

● 榛果卡士達

① 材料Ⓑ混合攪拌均勻。另將香草籽連同香草莢與鮮奶加熱煮沸。

② 將香草牛奶，沖入到混勻材料Ⓑ中，邊拌邊煮至中心點沸騰起泡，關火。

③ 加入奶油拌至融合，加入橙酒，再加入蜜核桃拌勻，倒入平盤中，待稍冷卻，覆蓋保鮮膜。

> **POINT**
> · 熬煮榛果卡士達醬時需緩慢小火邊拌動邊煮，避免燒焦。
> · 若想縮短步驟2拌煮沸騰速度，可將材料B的細砂糖先於步驟1加入1/3，剩下的2/3待步驟2時再加入。

● 攪拌麵團

④ 將所有材料Ⓐ以慢速攪拌成團，轉中速攪拌至光滑面。

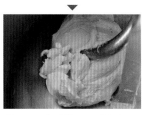

⑤ 加入材料Ⓑ以慢速攪拌至均勻。

⑥ 再以中速攪拌至麵筋形成均勻薄膜（完成麵溫約26℃）。

● 基本發酵

⑦ 整理麵團成圓滑狀態，基本發酵60分鐘。

◉ 分割、中間發酵

⑧ 分割麵團成60g×9個，將麵團滾圓後中間發酵30分鐘。

◉ 整型、最後發酵

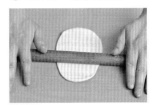

⑨ 將麵團擀成橢圓片，翻面。

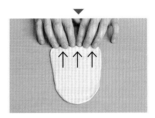

⑩ 並在底部延壓展開（幫助黏合）。

⑪ 從前端稍反折壓合，再順勢捲起至底。

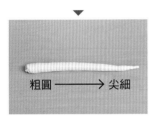

⑫ 由中間朝左右兩側均勻搓揉細長。

粗圓 ——→ 尖細

⑬ 成一端稍粗圓一端漸尖細的水滴狀。

⑭ 稍鬆弛約5分鐘，再搓揉成細長條狀。

> **POINT** | 將麵團整型成頭尾漸稍寬狀，在捲繞模型時會較好操作。

⑮ 將長條麵團從田螺模型尖端處黏貼固定。

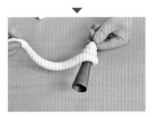

⑯ 一圈圈的緊貼順勢纏繞到底部。

⑰ 尾端塞入底部，等間距排放入烤盤。

⑱ 最後發酵60分鐘（濕度75%、溫度30℃）。

⑲ 表面塗刷蛋液。

◉ 烘烤

⑳ 放入烤箱，以上火200℃／下火180℃，烤約10分鐘、脫模。

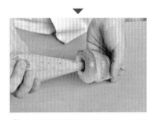

㉑ 在開口處擠入榛果卡士達餡即可。

㉒ 也可擠入其他內餡，如奶油霜、香草卡士達餡等。

Bread / 19
酒種小圓紅豆

源於洋風麵包體搭配和風素食材，所造就日本最早的點心麵包文化。
源於「木村屋」開發出的技術，當時的紅豆麵包使用酒種發酵，
在日本據說單日締造10萬個的銷售佳績，成為木村屋的人氣商品，
掀起紅豆麵包的風潮，也讓紅豆麵包成為日本國產點心麵包的代表。
現今則衍變出多變的口味與形式，深受大眾喜愛。

INGREDIENTS

麵團（份量10個）

A 高筋麵粉…200g
　　全粒粉…50g
　　細砂糖…20g
　　岩鹽…4g
　　水…93g
　　鮮奶…42g
　　酒種（P26）…38g
　　新鮮酵母…10g
B 無鹽奶油…18g

內餡

紅豆餡（P32）…500g

表面

蛋液、黑芝麻

結構類型
黑芝麻
＋
紅豆餡
＋
軟質RICH類麵團

METHODS

◉ 攪拌麵團

① 將酒種與其他所有材料A以慢速攪拌成團。

② 轉中速攪拌至光滑面，加入材料B以慢速攪拌至均勻。

③ 再以中速攪拌至麵筋形成均勻薄膜（完成麵溫約26℃）。

◉ 基本發酵

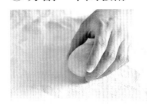

④ 整理麵團成圓滑狀態，基本發酵60分鐘。

◉ 分割、中間發酵

⑤ 分割麵團成50g×10個，將麵團滾圓後中間發酵30分鐘。

◉ 整型、最後發酵

⑥ 將麵團稍滾圓，輕拍成中間稍厚邊緣稍薄的圓扁狀。

⑦ 在中間按壓抹入紅豆餡（50g）。

⑧ 將麵皮朝中間收合，包覆住餡料，捏緊收口。

⑨ 整型成圓球狀，收口朝底放入烤盤中，最後發酵60分鐘（濕度75%、溫度35℃）。

⑩ 表面刷上蛋液、沾上黑芝麻。

◉ 烘烤

⑪ 放入烤箱，以上火200℃／下火180℃，烤約10分鐘。

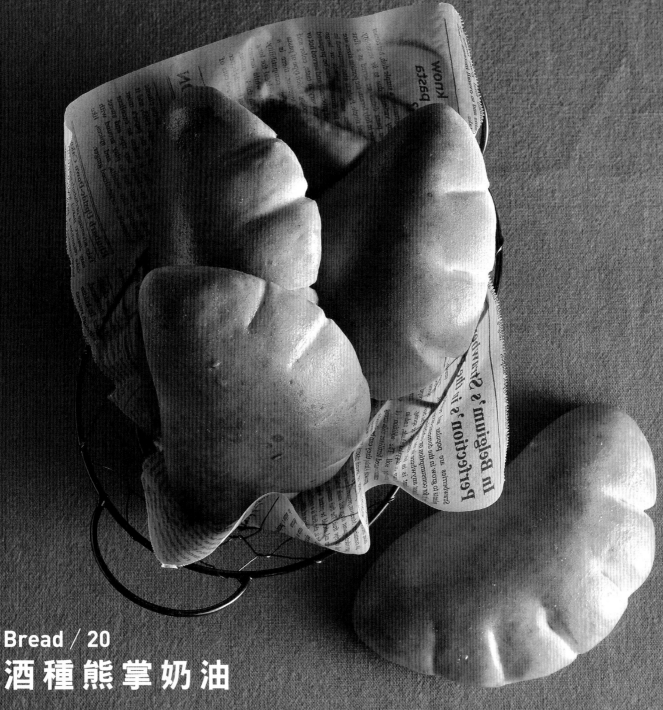

Bread / 20
酒種熊掌奶油

奶油麵包內餡是香濃滑順，風味十足的卡士達餡，又稱克林姆麵包，
與紅豆麵包、菠蘿麵包一樣都是日本相當知名的點心麵包。
關於奶油麵包的原始形狀，相傳為手套般的模樣（台灣常見的是圓形），
演變至今更發展出各式不同的造型。

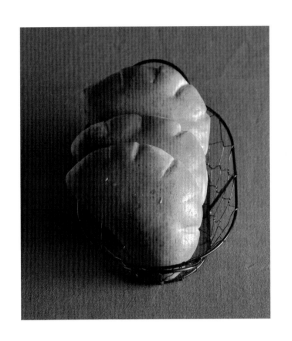

整型、最後發酵

③ 將麵團稍滾圓後，輕拍扁再擀成橢圓片狀。

⑦ 再從麵皮圓弧接口邊緣，等間距剪出5道切口。

④ 在中間抹入香草卡士達餡（30g）。

⑧ 放入烤盤中，最後發酵60分鐘（濕度75%、溫度30℃）。

INGREDIENTS

麵團（份量10個）

Ⓐ 高筋麵粉…200g
　 全粒粉…50g
　 上白糖…20g
　 岩鹽…4g
　 水…93g
　 鮮奶…42g
　 酒種（P26）…38g
　 新鮮酵母…10g
Ⓑ 無鹽奶油…18g

內餡

香草卡士達（P32）

結構類型
香草卡士達 ＋ 軟質RICH類麵團

METHODS

● 香草卡士達

① 香草卡士達的製作方式參見P32。

⑤ 將後端麵皮朝前端對折，包覆住餡料。

⑨ 表面刷上蛋液（或再用杏仁片點綴）。

● 製作麵團

② 麵團製作參見P81「酒種小圓紅豆」作法1-5，完成攪拌、基本發酵。將麵團分割成50g×10個，滾圓後中間發酵30分鐘。

● 烘烤

⑥ 接合邊捏緊密合，整型成半圓狀。

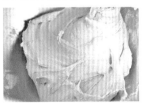

⑩ 放入烤箱，以上火200℃／下火180℃，烤約10分鐘。

花模款

Bread / 21
櫻花紅豆麵包

運用日本傳統的酒種酵母製作,
柔軟的麵包體包裹著綿密香甜的紅豆餡,
表面鑲嵌著鹹味的粉紅鹽漬櫻花,
淡淡的鹹味搭配酒種發酵的特殊香氣,
醇香甜蜜,風味獨特,
濃濃的日式風情,春天浪漫的幸福滋味。

花型款

MOULD

・ 98mm×35mm八角模

INGREDIENTS

麵團（份量10個）
Ⓐ 高筋麵粉…200g
　全粒粉…50g
　細砂糖…20g
　岩鹽…4g
　水…93g
　鮮奶…42g
　酒種（P26）…38g
　新鮮酵母…10g
Ⓑ 無鹽奶油…18g

內餡－櫻花紅豆餡
紅豆餡（P32）…320g
鹽漬櫻花…12朵

表面
鹽漬櫻花…10朵
不濕糖

結構類型
鹽漬櫻花   ＋   櫻花紅豆餡   ＋   軟質RICH類麵團

METHODS

◉ 櫻花紅豆餡

① 將紅豆餡、鹽漬櫻花混合拌勻即可。

◉ 攪拌麵團

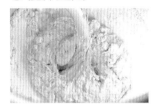

② 將酒種與其他所有材料Ⓐ以慢速攪拌成團。

③ 轉中速攪拌至光滑面，加入材料Ⓑ以慢速攪拌至均勻。

④ 再以中速攪拌至麵筋形成均勻薄膜（完成麵溫約26℃）。

◉ 基本發酵

⑤ 整理麵團成圓滑狀態，基本發酵60分鐘。

◉ 分割、中間發酵

⑥ 分割麵團成50g×10個，將麵團滾圓後中間發酵30分鐘。

◉ 整型、最後發酵

⑦ 花模款。將麵團稍滾圓，輕拍成中間稍厚邊緣稍薄的圓扁狀。

⑧ 在麵團中間按壓抹入櫻花紅豆餡（50g）。

⑨ 將麵皮朝中間收合，包覆住餡料，捏緊收合口。

⑬ **花型款**。將包餡、整型成圓球狀的麵團，輕拍壓扁。

⑯ 放入烤盤，最後發酵60分鐘。

⑱ 放入烤箱，以上火200℃／下火180℃，烤約10分鐘。

⑩ 整型成圓球狀，收口朝底放入噴好烤盤油的模型中。

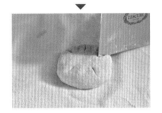

⑭ 用刮板等間距切割5刀先做出標記痕跡。

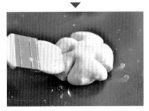

⑰ 表面塗刷上蛋液，在中間壓出小凹洞，壓入鹽漬櫻花即可。

POINT｜鹽漬櫻花要先泡水，去除多餘的鹽分之後再使用。

⑲ 將花形模款脫模，放上櫻花裝飾片模型，篩灑上不濕糖。

⑪ 最後發酵60分鐘（濕度75%、溫度30℃）。

⑮ 再壓切，形成放射狀（不切斷），成花型。

POINT｜麵團膨脹時為避免紅豆餡從麵團中露出，要緊實的包在中央，並捏緊收口。

⑳ 最後在中間放上鹽漬櫻花即可。

⑫ 表面覆蓋上烤焙紙、再壓蓋上烤盤，烤焙。

和風物語

酒種櫻花紅豆麵包，相傳源自明治時期，明治天皇巡視水戶藩的郊外別館時，山岡鐵舟奉上「木村屋」的櫻花紅豆麵包給天皇，從那時起口味獨特的櫻花紅豆麵包一炮而紅，成了皇室御用的聖品，更為此將4月4日訂為當地的「紅豆麵包日」。時至今日，以鹽漬櫻花作為點綴的櫻花紅豆麵包，人氣依然屹立不搖。

Bread / 22
鹽の花可頌

牛角造型的麵包卷中包捲入有鹽奶油，
外脆內軟入口柔軟帶著鹹香，
中間流溢出的奶油，經底部高溫烘烤形成焦香酥脆口感，
底層焦香加上麵包組織軟中帶勁，越嚼越香。

INGREDIENTS

麵團（份量10個）
法國粉…250g
岩鹽…4.5g
麥芽精…1g
低糖乾酵母…1g
法國老麵（P24）…50g
水…170g

夾層
有鹽奶油…70g

表面
鹽之花

結構類型
鹽之花
＋
有鹽奶油
＋
硬質類LEAN麵團

METHODS

◉ 攪拌麵團

① 將老麵與所有材料放入攪拌缸中,以慢速攪拌混合成團。

② 轉中速攪拌至光滑面,至麵筋形成均勻薄膜即可(完成麵溫約26℃)。

◉ 基本發酵

③ 整理麵團成圓滑狀態,基本發酵45分鐘,拍平做3折1次翻麵再發酵約45分鐘。

◉ 分割、中間發酵

④ 分割麵團成45g×10個,將麵團滾圓後中間發酵30分鐘。

◉ 整型、最後發酵

⑤ 將有鹽奶油分切成7g×10個。

⑥ 將麵團搓揉成圓錐狀。

⑦ 再稍延展拉成一端稍厚一端漸細的圓錐狀。

⑧ 用擀麵棍從圓頂端處往下邊擀平,邊拉住底部延展。

⑨ 翻面,再從上而下擀平延展。

⑩ 並在圓端處下放上有鹽奶油(7g)。

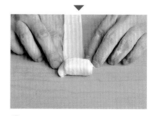

⑪ 再從圓端外側邊緣略為反折,並輕輕按壓。

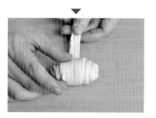

⑫ 由上而下順勢捲起至底成圓筒狀。

⑬ 收口於底,成型牛角狀。

> **POINT** | 注意左右對稱,略緊的將麵團捲起,可使可頌組織層次更分明。

⑭ 將成型麵團收口朝下,排列烤盤上,最後發酵約60分鐘(濕度75%、溫度30℃)。

⑮ 在表面稍噴水霧,再灑上鹽之花。

◉ 烘烤

⑯ 放入烤箱,先蒸氣3秒,以上火220℃/下火190℃,烤約13分鐘。

Bread / 23

超極餡夾心堡

（紅豆奶油／花生奶油／水果香緹／番茄鮪魚沙拉）

狀似紡錘狀的外型據說源於江戶時代傳入的法式麵包，
味道、種類豐富，夾餡美味變化多達30種以上，
其中又以招牌的紅豆奶油最為知名，
柔軟Q彈的麵包體搭配清淡的奶油，雙餡夾層相當美味入口。

INGREDIENTS

麵團（份量8個）

Ⓐ 高筋麵粉…500g
　上白糖…50g
　岩鹽…7g
　全脂奶粉…20g
　新鮮酵母…18g
　全蛋…60g
　水…285g
Ⓑ 無鹽奶油…75g

```
         結構類型
─────────────────────
        內層夾餡
          ＋
      軟質RICH類麵團
```

夾餡

Ⓐ 水果香緹（每份）
　打發動物鮮奶油…50g
　水蜜桃…2片
　葡萄柚…2片
Ⓑ 紅豆奶油（每份）
　發酵奶油…1片
　紅豆餡（P32）…100g
　細砂糖…適量
Ⓒ 顆粒花生
　去皮花生（熟）…150g
　細砂糖…40g
　發酵奶油…50g
　花生醬…200g
Ⓓ 鮪魚沙拉（每份）
　鮪魚罐頭…100g
　美乃滋…10g
Ⓔ 奧勒岡番茄糊
　蒜頭…20g
　小番茄…200g
　鹽…2g
　白醋…10g
　奧勒岡草…20g

METHODS

● 攪拌麵團

① 將材料Ⓐ以慢速攪拌成團。

② 轉中速攪拌至光滑面。

③ 加入材料Ⓑ以慢速攪拌至均勻。

④ 再以中速攪拌至麵筋形成，呈均勻薄膜即可（完成麵溫約26℃）。

● 基本發酵

⑤ 整理麵團成圓滑狀態，基本發酵60分鐘。

● 分割、中間發酵

⑥ 分割麵團成120g×8個，將麵團滾圓後中間發酵30分鐘。

● 整型、最後發酵

⑦ 將麵團稍搓滾後拍壓扁。

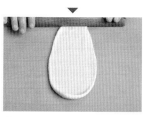

⑧ 再擀成厚度一致的橢圓片狀，翻面，底部稍延展開（幫助黏合）。

⑨ 從前端往下反折壓合，再捲折至底。

⑬ **水果香緹**。將麵包側邊切剖開，擠入打發鮮奶油。

⑰ 再擠入紅豆餡即可。

㉑ 加入鹽、白醋、奧勒岡草拌勻。

⑩ 收口於底成長條狀，稍搓揉兩端整型。

⑭ 再相間擺放入水蜜桃、葡萄柚果瓣裝點即可。

⑱ **顆粒花生**。將熟去皮花生用調理機打碎，加入細砂糖先混勻，加入發酵奶油、花生醬攪拌均勻。

㉒ 用調理機攪打均勻，即成奧勒岡番茄糊。

⑪ 放入烤盤，最後發酵60分鐘（濕度75%、溫度30℃）。

⑮ **紅豆奶油**。將發酵奶油片均勻沾裹細砂糖。

⑲ 在切剖開的麵包中擠入作法18顆粒花生醬（約100g）即可。

㉓ **鮪魚沙拉**。鮪魚罐頭油分瀝乾，取出鮪魚搗碎，加入美乃滋拌勻即可。

● 烘烤

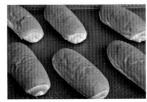

⑫ 放入烤箱，上火200℃／下火180℃，烤約10分鐘。

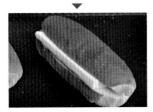

⑯ 在切剖開的麵包中夾入砂糖奶油片。

⑳ **奧勒岡番茄糊**。熱鍋炒香蒜頭，加入切片小番茄拌炒至軟化。

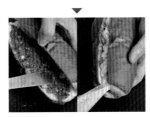

㉔ 在切剖開的麵包中抹上奧勒岡番茄糊，再擠上鮪魚沙拉即可。

Bread / 24
日和咖哩麵包

鹹食麵包的代表，是洋食料理與麵包的完美結合。
Q彈麵團包著咖哩餡，最早是以油炸成形，
近年來因健康取向，也發展出非油炸型，
外酥脆金黃、內柔軟香濃，趁熱享用最是美味。

INGREDIENTS

麵團（份量11個）

A 高筋麵粉…233g
　　低筋麵粉…100g
　　上白糖…60g
　　岩鹽…5g
　　新鮮酵母…10g
　　蛋黃…20g
　　鮮奶…67g
　　水…113g
B 無鹽奶油…50g

內餡

咖哩餡（P33）…385g

表面

麵包粉…適量

結構類型

麵包粉
＋
咖哩餡
＋
軟質RICH類麵團

METHODS

◉ 攪拌麵團

① 將所有材料**A**以慢速攪拌成團，轉中速攪拌至光滑面。

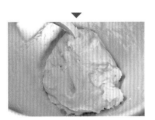

② 加入材料**B**以慢速攪拌至均勻，再以中速攪拌至麵筋形成均勻薄膜（完成麵溫約26℃）。

◉ 基本發酵

③ 整理麵團成圓滑狀態，基本發酵60分鐘。

◉ 分割、中間發酵

④ 分割麵團成60g×11個，將麵團滾圓後中間發酵30分鐘。

◉ 整型、最後發酵

⑤ 將麵團滾圓，稍輕拍扁後擀平成厚度均勻的圓形狀。

⑥ 中間抹入咖哩餡（35g）。

⑦ 再將麵皮對折包覆內餡，沿著接合口邊捏緊收合。

⑧ 整型成兩端稍尖的梭子狀。

⑨ 表面噴水霧，沾裹一層麵包粉，最後發酵25分鐘（濕度75%、溫度30℃）。

◉ 烘烤法

⑩ 放入烤箱，以上火180℃／下火200℃，烤約10分鐘。

◉ 油炸法

⑪ 熱油鍋（約180℃）放入作法9，以中小火油炸兩面至上色金黃色，撈出，瀝乾油分。

POINT | 此麵團配方烘烤易上色，故不建議表層沾蛋液，以噴水霧的方式較佳。

Bread / 25
竹輪鮪魚明太子

竹輪中填充鮪魚沙拉醬，伴有層次鹹香滋味，
烤好表層趁熱塗抹上鮮美明太子醬，餘熱高溫讓香氣瞬間四溢，
豐富麵包的口感與香氣，多重美味口感讓人胃口大開。

INGREDIENTS

麵團（份量10個）

Ⓐ 高筋麵粉…250g
　上白糖…38g
　岩鹽…4g
　新鮮酵母…8g
　全蛋…38g
　鮮奶…50g
　水…78g
Ⓑ 無鹽奶油…25g
　發酵奶油…38g

內餡

竹輪…10個
鮪魚罐頭…100g
美乃滋…10g

表面

明太子餡（P101）…100g
蛋液、披薩絲…200g

結構類型

披薩絲、明太子餡
＋
竹輪鮪魚沙拉
＋
軟質RICH類麵團

METHODS

◉ 攪拌麵團

② 麵團攪拌參照「珍珠菠蘿」P37-39，作法5-8的製作方式，攪拌、基本發酵，完成麵團的製作。分割麵團成50g×10個，將麵團滾圓後中間發酵30分鐘。

⑥ 再從圓端處往下稍反折壓合，再捲折至底。

◉ 整型、最後發酵

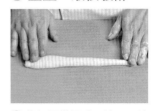

③ 將麵團搓揉成一端圓一端尖細的圓錐狀。

⑦ 收口於底，成型圓柱狀，放入烤盤。

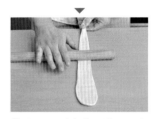

④ 從圓頂端處往下擀平，翻面。

⑧ 最後發酵60分鐘（濕度75%、溫度30℃），在表面塗刷蛋液、再撒上披薩絲。

◉ 竹輪鮪魚沙拉

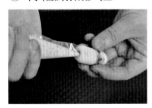

① 鮪魚罐頭油分瀝乾，取出鮪魚搗碎，加入美乃滋拌勻，填滿竹輪的空心處。

⑤ 在圓端處下放上竹輪鮪魚。

◉ 烘烤

⑨ 放入烤箱，以上火200℃／下火180℃，烤約10分鐘。趁溫熱，表面均勻塗抹上明太子餡（10g）即可。

POINT | 趁熱抹上明太子餡，利用餘溫讓油脂能完全的化開融在麵包體上風味較佳。

Bread / 26
檸檬菠蘿鹽麵包

菠蘿皮中添加清香的檸檬丁，增添香氣口感，
夾層包捲有鹽奶油丁，
酥中帶軟的雙層口感，無比奢華的味蕾享受。

② 加入過篩低筋麵粉攪拌混合至無粉粒。

⑥ 再將麵團對折成半圓狀，沿著邊緣按壓捏合。

③ 加入檸檬丁混合均勻，即成日式菠蘿，密封冷凍。

⑦ 整型成橢圓狀，收口於底，捏緊底部收合。

INGREDIENTS

麵團（份量10個）

Ⓐ 高筋麵粉⋯250g
　上白糖⋯38g
　岩鹽⋯4g
　新鮮酵母⋯8g
　全蛋⋯38g
　鮮奶⋯50g
　水⋯78g
Ⓑ 無鹽奶油⋯25g
　發酵奶油⋯38g

夾層

有鹽奶油⋯70g

日式菠蘿皮

無鹽奶油⋯85g
上白糖⋯160g
全蛋⋯85g
低筋麵粉⋯293g
蜜漬檸檬丁⋯50g

```
結構類型
───────────
日式菠蘿皮
＋
軟質RICH類麵團
```

◉ 攪拌麵團

④ 麵團攪拌參照「珍珠菠蘿」P37-39，作法5-8的製作方式，攪拌、基本發酵，完成麵團的製作。分割麵團成50g×10個，將麵團滾圓後中間發酵30分鐘。

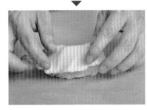

⑧ 將菠蘿麵團分割成30g×10個，稍壓扁，覆蓋在麵團上。

METHODS

◉ 日式菠蘿皮

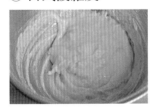

① 將奶油、上白糖先攪拌混合至糖融化，加入全蛋攪拌至完全融合。

◉ 整型、最後發酵

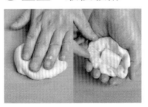

⑤ 將麵團滾圓，按壓成圓扁形，在麵皮中放入有鹽奶油（7g）。

⑨ 用手掌稍按壓使其緊密貼合，使菠蘿皮完全包覆麵團，最後發酵60分鐘（濕度75%、溫度30℃）。

◉ 烘烤

⑩ 放入烤箱，以上火200℃／下火180℃，烤10分鐘。

Bread / 27
炙燒明太子法國

法式與日式的絕美結合。
傳統法式麵包上，塗滿特製風味的明太子醬，
帶有顆粒明太子，與芥末獨特的嗆味十分對味，
融合法式麵包外脆內軟的口感，
展現其誘人的風味。

INGREDIENTS

麵團（份量7個）
法國粉…500g
麥芽精…1g
水…340g
岩鹽…9g
低糖乾酵母…2g

表面—明太子餡
明太子…500g
芥末沙拉…500g
鹽…3g
檸檬汁…23g
無鹽奶油…248g
芥末…30g

結構類型
明太子餡 + 硬質類LEAN麵團

METHODS

◉ 明太子餡

① 將所有材料混合攪拌均勻即可。

> **POINT** | 明太子醬的所有食材須完全解凍後再拌勻使用，避免奶油遇冷結塊不易攪拌均勻。

◉ 攪拌麵團

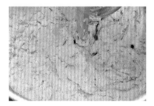

② 將法國粉、麥芽精、水以慢速攪拌成團，加入低糖乾酵母攪拌均勻。

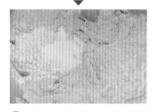

③ 靜置發酵30分鐘，加入岩鹽以慢速攪拌至均勻。

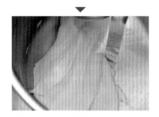

④ 再轉中速攪拌10秒至麵筋形成均勻薄膜（完成麵溫約23℃）。

◉ 基本發酵

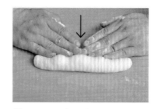

⑤ 整理麵團成圓滑狀態，基本發酵45分鐘，拍平做3折1次翻麵再冷藏發酵18小時。

◉ 分割、中間發酵

⑥ 分割麵團成120g×7個，將麵團搓成紡錘狀後中間發酵30分鐘。

◉ 整型、最後發酵

⑦ 將麵團均勻輕拍出多餘空氣，翻面。

⑧ 從前側折向中間折1/3，按壓緊接合處。

◉ （續）

⑨ 再向前滾動翻折按壓接合口，按壓收口確實黏合。

⑩ 再向前滾動翻折將收合口朝下。

⑪ 按壓接合口，均勻輕拍。

⑫ 收合於底，搓揉兩端成細長形。

◉ 烘烤

⑬ 放在折凹槽的發酵帆布上，放室溫最後發酵40分鐘，在表面水平輕劃一道割痕。

> **POINT** | 手持割紋刀時，刀片需往身體側傾斜約45度角割出紋路，法國麵包才會出現漂亮的裂痕。

⑭ 放入烤箱，先蒸氣3秒，以上火220℃／下火210℃，烤約15分鐘。

> **POINT** | 蒸氣秒數如太久，會導致麵團過度潮濕，影響表面割痕深度。

⑮ 將麵包體由側邊橫剖開（不切斷），並在表層、裡面抹上明太子醬，蒸氣3秒回烤約3分鐘即可。

史多倫聖誕麵包

德國耶誕節慶必嚐的麵包！以豐富果乾、堅果入料製成的史多倫，
表層外皮稍厚實，內裡則因麵團與酒漬果乾的密度分布，口感豐富而紮實。
烤好的史多倫，放置數日待其熟成後的風味更佳。

MOULD

· 聖誕麵包模

INGREDIENTS

中種麵團（份量7個）
高筋麵粉…285g
新鮮酵母…113g
水…188g

主麵團
Ⓐ 高筋麵粉…850g
　全蛋…3個
　上白糖…340g
　鹽…13g
　鮮奶…113g
Ⓑ 無鹽奶油…370g
　發酵奶油…110g
Ⓒ 綜合水果乾（P31）…1250g

表面
澄清奶油、不濕糖

結構類型
不濕糖
+
澄清奶油
+
軟質RICH類麵團

METHODS

◉ 澄清奶油

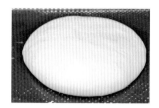

① 將無鹽奶油（份量外）小火加熱融化。

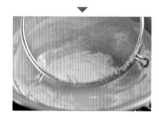

② 將奶油表面的雜質浮沫撈除，過濾。

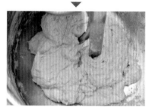

③ 取中間層金黃澄澈的澄清奶油使用。

◉ 攪拌麵團

④ **中種麵團**。將高筋麵粉、新鮮酵母、水混合攪拌均勻至產生黏性。

⑤ 將麵團基本發酵1小時。

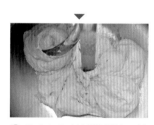

⑥ **主麵團**。將作法5中種麵團、所有材料Ⓐ以慢速攪拌均勻。

⑦ 分次加入材料Ⓑ攪拌，轉中速攪拌至8分筋。

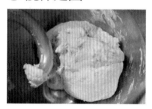

⑧ 再加入材料Ⓒ混合拌勻即可（完成麵溫約26℃）。

◉ 基本發酵

⑨ 整理麵團成圓滑狀態，基本發酵40分鐘。

⑬ 再從前端往下折疊1/3，使折疊收合部分朝下，再發酵約20分鐘。

⑰ 再將前側向中間對折、按壓接合口，對折按壓收口確實黏合。

⑳ 用聖蛋麵包模型覆蓋住麵團，最後發酵50分鐘（濕度75%、溫度30℃）。

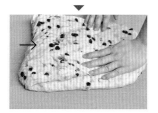

⑩ 輕拍平整麵團，從麵團一側往中間折疊1/3。

◉ 分割、中間發酵

⑭ 分割麵團成500g×7個。將麵團朝底部拉攏收合，整型成橢圓狀。

⑱ 滾動麵團按壓接合口，均勻輕拍，對折、收合於底。

◉ 烘烤

㉑ 放入烤箱，以上火210℃／下火190℃，烤45分鐘，脫模，趁熱塗刷澄清奶油3-5次，待完全滲入。

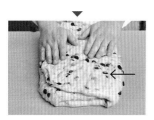

⑪ 再將麵團另一側往中間折疊1/3。

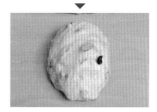

⑮ 中間發酵30分鐘。

⑲ 搓揉均勻成型。

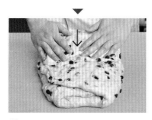

⑫ 從底部往上折疊1/3。

◉ 整型、最後發酵

⑯ 將麵團輕拍，翻面，從底側折向中間折1/3，按壓緊接合處。

聖誕麵包膜

和風物語

聖誕麵包Stollen（也稱史多倫），正如其名，為德國聖誕節慶的糕點。相傳源於外型形象「襁褓中的聖嬰」之義，是一款歷史悠久的麵包。與一般的麵包或糕點不同，也是款具季節感的奢華糕點。崇尚洋風的日本人，每在歲末倒數迎接新年到來之際，常會以此款糕點作為過節應景的糕點，或饋贈親友的精美禮物。

Bread / 29
兵糧角食

吐司也稱角食（かくしょく）。
相傳源於伊豆韮山，當時是為了戰爭方便攜帶食用而發展，
1860年內海兵吉麵包製造所開始販售給一般大眾。
此款吐司帶有淡淡的乳香及甜味，質地蓬鬆綿密，
直接食用或搭配其他材料做成三明治都非常美味。

MOULD

· 內徑327mm×121mm×121mm，
下內徑313mm×119mm

INGREDIENTS

麵團（份量1個）

A 高筋麵粉⋯1000g
上白糖⋯40g
新鮮酵母⋯30g
岩鹽⋯18g
蛋黃⋯30g
蜂蜜⋯50g
動物鮮奶油⋯50g
鮮奶⋯100g
麥芽精⋯2g
水⋯590g
B 無鹽奶油⋯80g

結構類型

介於軟質與硬質類
中間的麵團

METHODS

◉ 攪拌麵團

① 將所有材料**A**以慢速攪拌成團，轉中速攪拌至光滑面。

② 加入材料**B**以慢速攪拌均勻，再轉中速攪拌至麵筋形成均勻薄膜（完成麵溫約26℃）。

◉ 基本發酵

③ 整理麵團成圓滑狀態，基本發酵40分鐘。

◉ 分割、中間發酵

④ 分割麵團成200g×5個，將麵團滾圓後中間發酵30分鐘。

◉ 整型、最後發酵

⑤ 將麵團輕拍扁，擀平成橢圓片狀，翻面。

⑥ 將底部延壓展開（幫助黏合）。

⑦ 從短側前端往底部捲起至底，收合於底成圓筒狀，鬆弛約15分鐘。

⑧ 轉向縱放，擀平，翻面。

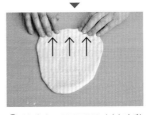

⑨ 再從前側端往底部捲起至底，收合於底成圓筒狀。

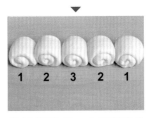

⑩ 以5個為組，收口朝底放置（入模次序由兩外側→中間）。

1　2　3　2　1

⑪ 倚著模邊放置模型中，最後發酵90分鐘（濕度75%、溫度30℃），膨脹至約8分滿，蓋上吐司蓋。

◉ 烘烤

⑫ 放入烤箱，以上火220℃／下火220℃，烤35分鐘。

3

深度之味的
本格麵包

經典風味！從純粹到香甜的奢華風味

Bread / 30
流沙起司三重奏

烤好熱呼呼的麵包，能夠嚐到裡頭濃稠滑順的熱起司，
特製的起司醬為內餡，再搭配起司丁、起司絲三重提味，
營造出起司麵包醇、厚、香、濃的口感。

INGREDIENTS

麵團（份量7個）
Ⓐ 高筋麵粉…1000g
　 上白糖…60g
　 麥芽精…5g
　 全蛋…100g
　 新鮮酵母…30g
　 法國老麵（P24）…150g
　 岩鹽…17g
　 水…560g
Ⓑ 無鹽奶油…70g
　 半熟核桃…300g

內餡
Ⓐ **起司醬**
　 無鹽奶油…100g
　 起司片…140g
　 動物鮮奶油…130g
　 細砂糖…80g
　 岩鹽…2g
Ⓑ 高熔點起司…700g

表面
裸麥粉…適量
披薩絲…350g

結構類型
披薩絲
＋
裸麥粉
＋
起司丁
＋
起司醬
＋
介於軟質與硬質類 中間的麵團

METHODS

◉ 起司醬

① 將無鹽奶油、起司片先加熱融化，加入其餘材料Ⓐ煮沸即可。

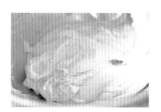

⑤ 再以中速攪拌至麵筋形成9分筋。

◉ 攪拌麵團

② 將老麵、其他材料Ⓐ以慢速攪拌成團。

⑥ 最後加入半熟核桃。

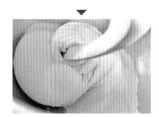

③ 轉中速攪拌至光滑面。

⑦ 攪拌混合拌勻即可（完成麵溫約26℃）。

> **POINT｜**將核桃先焙烤半熟，可去除青澀味，釋出濃郁香氣。

④ 加入無鹽奶油以慢速攪拌至均勻。

◉ 基本發酵

⑧ 整理麵團成圓滑狀態，基本發酵45分鐘，拍平做3折1次翻麵再發酵約45分鐘。

⑫ 再鋪放上高熔點起司（100g）。

⑯ 將麵團放入烤盤最後發酵約60分鐘（濕度75%、溫度30℃）。

◉ 分割、中間發酵

⑨ 分割麵團成300g×7個，將麵團滾圓後中間發酵30分鐘。

⑬ 將左右兩側麵皮拉起捏合。

⑰ 表面篩灑上裸麥粉，並於中心處剪出十字刀口（刀口深及內餡）。

◉ 整型、最後發酵

⑩ 將麵團以手掌處輕拍扁，翻面。

⑭ 再將上下兩側麵皮拉起捏合，完全包覆內餡。

⑱ 最後在刀口處撒放披薩絲（50g）即可。

◉ 烘烤

⑪ 在麵團中心處抹上起司醬（50g）。

⑮ 捏緊接合口，整型成圓狀。

⑲ 放入烤箱，先蒸氣3秒，以上火220℃／下火210℃，烤約15分鐘。

Bread / 31
裸麥葡萄芝心麵包

清甜的麥香再加入香氣十足的酒漬葡萄乾，
搭配奶油乳酪，帶出柔滑香醇的韻味，
絕妙的平衡，源自於發酵麵種的風味釋放。

INGREDIENTS

麵團（份量7個）

Ⓐ 高筋麵粉…225g
　裸麥粉…25g
　法國老麵（P24）…150g
　魯邦種（P29）…75g
　蜂蜜…10g
　岩鹽…4g
　紅酒…60g
　新鮮酵母…8g
　水…75g
Ⓑ 無鹽奶油…15g
　酒漬葡萄乾（P31）…100g

內餡

奶油乳酪…350g

表面

蛋液

結構類型

奶油乳酪
＋
介於軟質與硬質類
中間的麵團

METHODS

◉ 攪拌麵團

① 將老麵、魯邦種與其他材料Ⓐ以慢速攪拌成團。

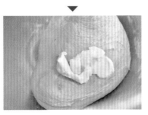

② 轉中速攪拌至光滑面，加入無鹽奶油後慢速攪拌至均勻。

③ 再以中速攪拌至麵筋形成9分筋。

④ 最後加入酒漬葡萄乾拌勻即可（完成麵溫約26℃）。

◉ 基本發酵

⑤ 整理麵團成圓滑狀態，基本發酵60分鐘。

◉ 分割、中間發酵

⑥ 分割麵團成100g×7個，將麵團滾圓後中間發酵30分鐘。

◉ 整型、最後發酵

⑦ 將麵團滾圓，輕拍按壓扁成中間稍厚圓形狀，翻面。

⑧ 在中間處按壓抹入奶油乳酪（50g）。

⑨ 拉起麵皮邊緣包覆內餡。

⑩ 捏緊接合口，整型成圓狀，最後發酵約60分鐘（濕度75%、溫度30℃）。

⑪ 將麵團表面塗刷蛋液，並在中心處剪出十字刀口（刀口深及內餡）。

◉ 烘烤

⑫ 放入烤箱，先蒸氣3秒，以上火210℃／下火200℃，烤約12分鐘。

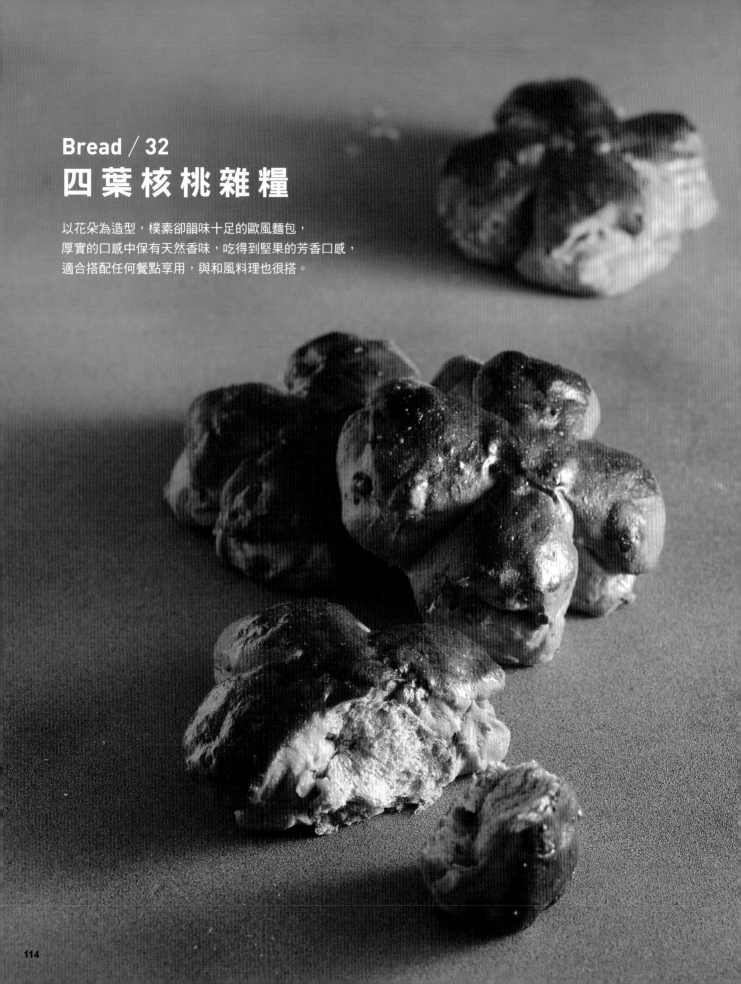

Bread / 32
四葉核桃雜糧

以花朵為造型，樸素卻韻味十足的歐風麵包，
厚實的口感中保有天然香味，吃得到堅果的芳香口感，
適合搭配任何餐點享用，與和風料理也很搭。

INGREDIENTS

麵團（份量15個）

Ⓐ 高筋麵粉…900g
雜糧粉…100g
新鮮酵母…30g
水…480g
細砂糖…150g
鹽…18g
全蛋…100g
Ⓑ 無鹽奶油…120g
核桃…400g

結構類型

介於軟、硬質類
中間的麵團

METHODS

◉ 攪拌麵團

① 將材料Ⓐ以慢速攪拌成團，轉中速攪拌至光滑面。

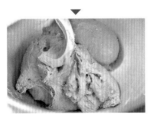

② 加入無鹽奶油後慢速攪拌至均勻，再以中速攪拌至麵筋形成9分筋。

③ 最後加入核桃，攪拌混合均勻即可（完成麵溫約26℃）。

◉ 基本發酵

④ 整理麵團成圓滑狀態，基本發酵60分鐘。

◉ 分割、中間發酵

⑤ 分割麵團成150g×15個，將麵團滾圓後中間發酵30分鐘。

◉ 整型、最後發酵

⑥ 將麵團輕拍，翻面，從下往上端對折，再由側邊對折，並將麵團捏合收口，拉整成圓狀，捏緊接合口。

⑦ 表面沾裹高筋麵粉，輕拍壓扁。

⑧ 用刮板在上下、左右對稱邊，切壓出4道放射切口（不切斷），形成花形。

⑨ 再用剪刀由側面呈稍傾斜角度（約45度角）剪出刀口。

⑩ 形成層次花形，放入烤盤，最後發酵約60分鐘（濕度75%、溫度30℃）。

⑪ 在表面均勻塗刷上蛋液。

◉ 烘烤

⑫ 放入烤箱，先蒸氣3秒，以上火220℃／下火210℃，烤約15分鐘。

Bread / 33
柳橙無花果裸麥起司

搭配裸麥粉一起烘烤，咀嚼中又吃得到果粒的獨特口感，
加上奶油起司融合的溫潤香氣，
風味濃醇又不失爽口，入口滑順的歐風麵包。

INGREDIENTS

麵團（份量3個）

Ⓐ 高筋麵粉…450g
裸麥粉…50g
法國老麵（P24）…300g
蜂蜜…20g
岩鹽…7g
紅酒…120g
新鮮酵母…15g
水…150g
Ⓑ 無鹽奶油…20g
Ⓒ 紅酒無花果…200g
酒漬柳橙皮（P31）…200g

內餡

日式奶油起司（P32）…300g

結構類型

裸麥粉
＋
日式奶油起司
＋
介於軟、硬質類
中間的麵團

METHODS

◉ 攪拌麵團

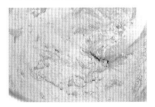

① 將老麵與其他材料Ⓐ以慢速攪拌成團。

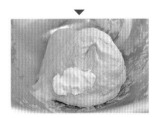

② 轉中速攪拌至光滑面，加入材料Ⓑ以慢速攪拌至均勻。

③ 再以中速攪拌至麵筋形成9分筋。

④ 加入紅酒無花果、酒漬柳橙皮，攪拌混合均勻即可（完成麵溫約26℃）。

紅酒無花果製作。將無花果乾200g、紅酒500g、肉桂粉1g拌煮至收汁入味，待冷卻使用。

◉ 基本發酵

⑤ 整理麵團成圓滑狀態，基本發酵60分鐘。

◉ 分割、中間發酵

⑥ 分割麵團成400g×3個，將麵團滾圓後中間發酵30分鐘。

◉ 整型、最後發酵

⑦ 將麵團以手掌處輕拍成橢圓狀，翻面，在中間抹上日式奶油起司餡（100g）。

⑧ 將麵團從內側往外側捲折至底。

⑨ 固定接口處。

⑩ 稍加滾動搓揉兩端，整型成橄欖狀。

⑪ 放在折凹槽的發酵帆布上，放室溫最後發酵40分鐘。灑上裸麥粉，在表面輕割4道割痕。

◉ 烘烤

⑫ 放入烤箱，先蒸氣3秒，以上火230℃／下火210℃，烤約20分鐘。

Bread / 34
北歐鄉村雜糧

看似硬口，卻有柔軟溫醇的口感；
帶有穀物特有的風味與越嚼越香的迷人口感，
隱隱散發著雜糧小麥天然香味，
細細品嚐歐式鄉村的獨特香氣與口感。

INGREDIENTS

麵團（份量13個）

高筋麵粉…700g
雜糧粉…300g
法國老麵（P24）…300g
水…680g
鹽…18g
麥芽精…5g
新鮮酵母…20g

結構類型
裸麥粉 ＋ 硬質類LEAN麵團

METHODS

◉ 攪拌麵團

① 將老麵與其他所有材料放入攪拌缸。

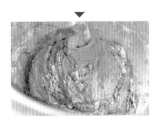

② 以慢速攪拌均勻成團。

③ 再轉中速攪拌至光滑面（完成麵溫約24℃）即可。

◉ 基本發酵

④ 整理麵團成圓滑狀態，基本發酵60分鐘。

◉ 分割、中間發酵

⑤ 分割麵團成150g×13個，將麵團滾圓後中間發酵30分鐘。

◉ 整型、最後發酵

⑥ 將麵團均勻輕拍，翻面，從內側往外側輕輕捲折。

⑦ 按壓折入的麵團邊緣使其貼合。

⑧ 再由外側向內對折，再按壓麵團邊緣密合接處。

⑨ 稍搓揉兩端整成橄欖形。

⑩ 使收口朝下，沾上高筋麵粉，最後發酵約40分鐘。表面篩灑裸麥粉、用割紋刀在表面斜劃切口。

◉ 烘烤

⑪ 放入烤箱，先蒸氣3秒，以上火220℃／下火210℃，烤約15分鐘。

Bread / 35
歐風裸麥田園

以鄉村麵包為名的麵包，
是含有裸麥粉獨特口感風味的麵包，
厚實芳香的表層外皮，
與潤澤具嚼感的柔軟內裡為其最大特色，
相較於傳統歐式麵包使用法國粉來製作，
此款則搭配裸麥粉，也可添加堅果果乾。

INGREDIENTS

麵團（份量6個）

高筋麵粉…700g
裸麥粉…300g
法國老麵（P24）…300g
水…680g
鹽…18g
麥芽精…5g
新鮮酵母…20g

結構類型
裸麥粉   ＋   硬質類LEAN麵團

METHODS

◉ 攪拌麵團

① 將老麵與所有材料以慢速攪拌。

▼

② 攪拌混合均勻成團。

③ 轉中速攪拌至光滑面即可（完成麵溫約24℃）。

◉ 基本發酵

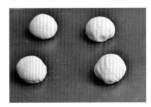

④ 整理麵團成圓滑狀態，基本發酵30分鐘。

◉ 分割、中間發酵

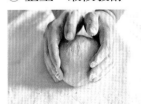

⑤ 分割麵團成300g×6個，將麵團滾圓後中間發酵30分鐘。

◉ 整型、最後發酵

⑥ 將麵團均勻輕拍，翻面，從下往上端對折，再由側邊對折，拉整成圓狀。

⑦ 並將麵團捏合收口，捏緊接合口。

▼

⑧ 再將麵團放在折凹槽的發酵帆布上，蓋上發酵帆布，放室溫最後發酵約40分鐘。

▼

⑨ 表面篩灑裸麥粉，並在中間輕劃井字割痕。

◉ 烘烤

⑩ 放入烤箱，先蒸氣7秒，以上火230℃／下火210℃，烤約15分鐘。

Bread / 36
果香魯斯堤克

水分含量高，以不含油脂為最大特色。
添加自製魯邦種，提升麵團的保濕度，
特有的乳酸發酵味，提引出獨特的香氣風味，
酒漬果乾的香甜為麵包帶出豐富層次。

INGREDIENTS

麵團（份量6個）

Ⓐ 法國粉…400g
裸麥粉…280g
鹽…12g
新鮮酵母…24g
魯邦種（P29）…120g
水…424g

Ⓑ 核桃…140g
酒漬葡萄乾（P31）…380g
酒漬橘子皮…40g

結構類型
裸麥粉 ＋ 硬質類LEAN麵團

METHODS

● 攪拌麵團

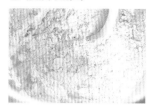

① 將魯邦種與其他材料Ⓐ放入攪拌缸中。

② 以慢速攪拌混合均勻。

③ 再以中速攪拌至光滑面。

④ 再加入材料Ⓑ。

⑤ 攪拌混合均勻即可（完成麵溫約26℃）。

● 基本發酵

⑥ 整理麵團成圓滑狀態，基本發酵60分鐘。

● 分割、中間發酵

⑦ 分割麵團成300g×6個，將麵團滾圓後中間發酵30分鐘。

● 整型、最後發酵

⑧ 將麵團均勻輕拍，翻面。

⑨ 從內側折疊起1/3，按壓折入的麵團邊緣使其貼合。

⑩ 再將另一側也折疊起1/3，再按壓麵團邊緣密合接處。

⑪ 並將麵團翻面使折疊收合的部分朝下。

⑫ 稍搓揉均勻延展成長條狀。

⑬ 再將麵團放在折凹槽的發酵帆布上，蓋上發酵帆布，放室溫最後發酵約40分鐘，篩灑裸麥粉即可。

> **POINT** ｜ 發酵帆布折成凹槽可隔開麵團，可避免麵團變形或往兩側塌陷。

● 烘烤

⑭ 放入烤箱，先蒸氣3秒，以上火240℃／下火210℃，烤約20分鐘。

酒漬橘子皮

材料：橘子皮40g、橙酒40g

作法：將橘子皮、橙酒混合浸泡入味（約7天）備用。

Bread

墨西哥辣椒起司小吐

鬆軟的麵包主體內裡，包含了豐富的風味
青綠、微辛嗆辣的墨西哥辣椒片，搭配濃郁香醇
表層灑上增添醇厚香氣的披薩絲與
溢出開口的辣椒片與起司，交織出絕妙的特色，是口感香味獨具的

MOULD

- 內徑181mm×91mm×77mm，
  下內徑170mm×73mm

INGREDIENTS

麵團（份量5個）

Ⓐ 高筋麵粉…500g
　上白糖…75g
　岩鹽…9g
　新鮮酵母…15g
　全蛋…75g
　鮮奶…100g
　水…155g
Ⓑ 發酵奶油…125g

內餡（每條）

墨西哥辣椒…20g
高熔點起司…20g

表面（每條）

蛋液…適量
披薩絲…20g
義大利香料…3g

結構類型
義大利香料
＋
披薩絲
＋
起司丁
＋
墨西哥辣椒
＋
軟質RICH類麵團

METHODS

◉ 攪拌麵團

① 將所有材料Ⓐ以慢速攪拌成團，轉中速攪拌至光滑面。

② 加入材料Ⓑ以慢速攪拌均勻。

③ 再轉中速攪拌至麵筋形成均勻薄膜（完成麵溫約26℃）。

◉ 基本發酵

④ 整理麵團成圓滑狀態，基本發酵60分鐘。

◉ 分割、中間發酵

⑤ 分割麵團成200g×5個，將麵團滾圓後中間發酵30分鐘。

◉ 整型、最後發酵

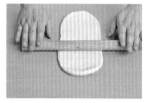

⑥ 將麵團輕拍扁，擀平成橢圓片狀，翻面。

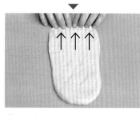

⑦ 在麵團底部稍延壓展開（幫助黏合）。

⑧ 平均鋪放上墨西哥辣椒、高熔點起司。

⑨ 從前端往下捲起至底。

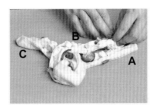

⑬ 再從前端處下約2cm處用切麵刀直線切割2刀口。

⑰ 將**B**→**C**編結。

㉑ 收口按壓密合，成型。

⑩ 捏緊收合，稍搓揉均勻。

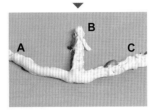

⑭ 成3等份，並將麵團斷面朝上，以編辮的方式編結。

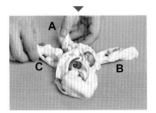

⑱ 再依序將麵團**A**→**B**。

㉒ 放入模型中，最後發酵120分鐘（濕度75%、溫度30℃）。

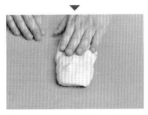

⑪ 將麵團轉向縱放，稍輕拍扁。

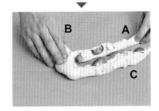

⑮ 將**A**→**B**編結。

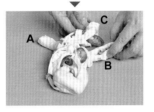

⑲ **C**→**A**。

㉓ 表面塗刷蛋液，並灑上披薩絲、義大利香料即可。

⑫ 從中間往上、下擀平成長條狀。

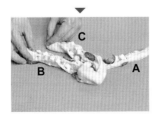

⑯ 將**C**→**A**編結。

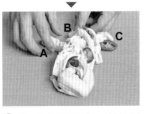

⑳ **B**→**C**編辮到底，編結至底成三股辮。

● 烘烤

㉔ 放入烤箱，以上火160℃／下火230℃，烤約25分鐘。

POINT｜烤好後立即脫模取出，若一直放在吐司模中，充分膨脹的麵包會因水氣無法蒸發變得扁塌。

Bread / 38
脆皮山巒吐司

烘烤時麵團縱向延展，肌理變粗，
成形的口感較鬆軟，不同於方形吐司的綿密；
不帶蓋，烤後外型呈隆起山形狀，
外層硬皮香脆、內層Q彈柔軟，
飽滿起伏有致的山巒，高聳分明的完美比例，
帶有獨特魅力的脆皮吐司。

MOULD

· 內徑196mm×106mm×110mm，
  下內徑184mm×102mm

INGREDIENTS

麵團（份量3個）

Ⓐ 法國粉…800g
  高筋麵粉…200g
  上白糖…20g
  原味優格…100g
  水…690g
  麥芽精…3g
  低糖乾酵母…10g
  岩鹽…20g
Ⓑ 無鹽奶油…40g

結構類型
硬質類LEAN麵團

METHODS

◉ 攪拌麵團

① 將所有材料Ⓐ以慢速攪拌成團。

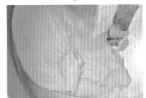

② 轉中速攪拌至光滑面，再加入材料Ⓑ以慢速攪拌均勻。

③ 再轉中速攪拌至麵筋形成均勻薄膜即可（完成麵溫約26℃）。

◉ 基本發酵

④ 整理麵團成圓滑狀態，基本發酵90分鐘，拍平做3折1次翻麵再發酵約30分鐘。

◉ 分割、中間發酵

⑤ 分割麵團成250g×6個（2個為組），將麵團滾圓後中間發酵30分鐘。

◉ 整型、最後發酵

⑥ 將麵團輕拍壓排除多餘的空氣，翻面。

⑦ 再朝前端對折，再將麵團向下拉整收合，捏折收合成圓球狀。

⑧ 以2個為組，收合口朝下放入模型中，並讓麵團前後倚靠在模型前後兩側。

> **POINT** ｜ 麵團注意勿過度搓揉，以免影響發酵過程與內部組織。

⑨ 最後發酵90分鐘（濕度75%、溫度30℃）。

◉ 烘烤

⑩ 放入烤箱，先蒸氣3秒，以上火150℃／下火230℃，烤約15分鐘。

湯種
原味貝果

Bread / 39
湯種原味貝果
枝豆貝果

貝果（Bagel）的特色作法在於先用熱水汆燙麵團後再烘烤，
外表酥脆，咀嚼時還能享受貝果中間渾厚紮實的韌性口感，
烤好的貝果表面若分布許多微小氣泡（俗稱「鳥眼」），
意味著紮實有嚼勁。

枝豆貝果

INGREDIENTS

麵團（份量10個）

A 高筋麵粉…500g
　　鹽…9g
　　上白糖…30g
　　水…235g
　　全蛋…30g
　　蛋黃…20g
　　奶粉…35g
　　法國老麵（P24）…75g
　　湯種（P27）…50g
　　新鮮酵母…30g
B 無鹽奶油…35g

汆燙

水…2000g
麥芽精…60g

<table>
<tr><td align="center">結構類型</td></tr>
<tr><td align="center">汆燙麥芽水
+
介於軟質與硬質類
中間的麵團</td></tr>
</table>

METHODS

◉ 攪拌麵團

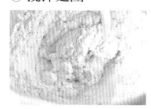

① **原味**。將老麵、湯種與其他所有材料**A**攪拌成團。

⑤ **枝豆**。配方同原味貝果麵團。同作法1-4，將麵團攪拌至光滑。

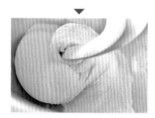

② 轉中速攪拌至光滑面。

⑥ 最後加入枝豆（150g）混合拌勻即可。

③ 加入材料**B**。

◉ 基本發酵

⑦ 整理麵團成圓滑狀態，基本發酵30分鐘。

④ 慢速攪拌至均勻即可（完成麵溫約26℃）。

◉ 分割、中間發酵

⑧ 分割麵團成100g×10個，將麵團滾圓後中間發酵30分鐘。

● 整型、最後發酵

⑨ 將麵團稍滾圓。

⑬ 再用兩手的食指把壓戳成的小洞延展撐開，整型成中空環狀。

⑰ 整型成中空環狀。依作法 14-15 發酵製作。

⑳ 依法將枝豆貝果麵團放入沸水中汆燙30秒，使兩面受熱均勻。

⑩ 輕壓拍成圓扁狀。

⑭ 將麵團收口面朝下，放入烤盤，最後發酵30分鐘。

● 汆煮麵團

⑱ 將麥芽精、水放入口徑大的鍋子內，加熱煮沸至約85℃。

㉑ 再立即撈起、瀝乾水分，放置烤盤。

⑪ 用食指先在麵團中央戳出中心圓點。

⑮ 再移置冷藏低溫發酵約8小時。

⑲ 將麵團放入沸水中汆燙30秒，再翻面汆燙30秒，使兩面受熱均勻，立即撈起、瀝乾水分，放置烤盤。

● 烘烤

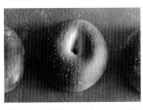
㉒ 放入烤箱，以上火220℃／下火200℃，烤約13分鐘。

POINT | 麵團放入沸水中燙煮是為了增加口感彈性。加入麥芽精可助於烤焙後的上色。

⑫ 用手肘處壓出圓孔凹槽。

⑯ **枝豆**。依作法9-12。用食指先在枝豆麵團中央戳出中心圓點，壓出圓孔凹槽。

Bagel 美味延伸！

只要搞懂基本，就可以隨自己喜好做出各種口味變化，像以原味材料中，再加入枝豆（150g）一起攪拌，就成了枝豆貝果。無論何種口味，其特殊的嚼勁口感，單吃就十分美味了。或者也可將貝果橫剖對半切，夾入喜愛的食材，做成貝果三明治享用，吃法變化多樣。

北海道小山峰

不加水，以添加北海道煉乳、鮮奶油取代水分的配方，
濕潤柔軟，帶著乳香風味，外型樸質，濃醇柔軟還帶微甜滋味的柔軟麵包。
因以頂部開放不帶蓋的方式烘烤，烤後麵團會形成如山峰般，
故又稱山型吐司，若以帶蓋方式烘烤則為一般熟知的方型吐司。

MOULD

- 內徑196mm×106mm×110mm，
  下內徑184mm×102mm

INGREDIENTS

麵團（份量4個）

Ⓐ 高筋麵粉…500g
　法國老麵（P24）…900g
　北海道煉乳…60g
　上白糖…120g
　岩鹽…15g
　新鮮酵母…45g
　蛋黃…120g
　動物鮮奶油…300g
Ⓑ 發酵奶油…80g

結構類型

軟質RICH類麵團

METHODS

◎ 攪拌麵團

① 將老麵與所有材料Ⓐ以慢速攪拌成團。

▼

② 轉中速攪拌至光滑面，再加入材料Ⓑ以慢速攪拌均勻。

③ 再轉中速攪拌至麵筋形成均勻薄膜即可（完成麵溫約26℃）。

◎ 基本發酵

④ 整理麵團成圓滑狀態，基本發酵40分鐘。

◎ 分割、中間發酵

⑤ 分割麵團成250g×8個（2個為組），將麵團滾圓後中間發酵30分鐘。

◎ 整型、最後發酵

⑥ 將麵團輕拍扁，擀平成橢圓片狀，翻面。

▼

⑦ 從短側前端往底部捲起至底，收合於底成圓筒狀，鬆弛約15分鐘。

⑧ 轉向縱放，稍拍壓扁，從中間朝上、下擀平成長條片狀，翻面。

▼

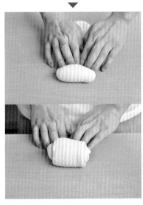

⑨ 再從短側端往底部捲起至底，收合於底成圓筒狀。

▼

⑩ 以2個為組，收口朝底、倚著模邊兩側放置，最後發酵90分鐘（濕度75%、溫度30℃）。

◎ 烘烤

⑪ 放入烤箱，以上火160℃／下火230℃，烤25分鐘。

Bread / 41
黑爵可可蔓越莓

散發著滿滿的可可香氣，卻是一點也不甜膩的麵包，
添加帶有奢華香氣的自製巧克力醬，
再搭配迷人果香的酒漬蔓越莓與水滴巧克力，
融合了不同的甜味香氣，交織出多層次的豐富滋味。

MOULD

· 內徑196mm×106mm×110mm，
  下內徑184mm×102mm

INGREDIENTS

麵團（份量5個）

Ⓐ 高筋麵粉⋯1000g
　 上白糖⋯130g
　 岩鹽⋯12g
　 奶粉⋯35g
　 新鮮酵母⋯50g
　 可可粉⋯30g
　 甜老麵（P25）⋯200g
　 鏡面巧克力（P33）⋯30g
　 水⋯480g
　 紅酒⋯220g
Ⓑ 無鹽奶油⋯80g
Ⓒ 水滴巧克力⋯200g
　 酒漬蔓越莓（P31）⋯100g

結構類型
軟質RICH類麵團

METHODS

● 攪拌麵團

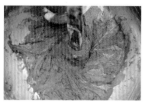

① 將甜老麵與所有材料Ⓐ放入攪拌缸，以慢速攪拌均勻成團。

② 轉中速攪拌至光滑面，加入材料Ⓑ以慢速攪拌均勻。

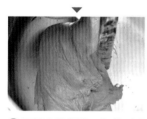

③ 再轉中速攪拌至麵筋形成均勻薄膜。

④ 再加入水滴巧克力、酒漬蔓越莓，以慢速攪拌混合均勻即可（完成麵溫約26℃）。

> **POINT** │ 巧克力容易抑制麵團導致發酵不易，故在配方中添加膨脹力較好的甜老麵，促使麵團發酵順利。

● 基本發酵

⑤ 整理麵團成圓滑狀態，基本發酵45分鐘。

⑥ 將麵團拍平稍延展長度。

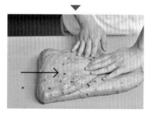

⑦ 從麵團一側折疊1/3。

⑧ 再將麵團另一側折疊至1/3處。

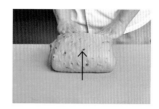

⑨ 再稍輕拍，從麵團上端往下端對折。

⑩ 翻面使折疊收合的部分朝下，再發酵約45分鐘。

● 分割、中間發酵

⑪ 分割麵團成250g×10個（2個為組），將麵團滾圓後中間發酵30分鐘。

● 整型、最後發酵

⑫ 將麵團輕拍排出空氣。

⑬ 輕輕滾圓，整型成圓球狀。

⑭ 以2個為組，收口於底，放入模型中。

⑮ 最後發酵90分鐘（濕度75%、溫度35℃）。

● 烘烤

⑯ 放入烤箱，以上火150℃／下火230℃，烤約35分鐘。

玫瑰草莓角食

能襯托出莓果自然甜美風味的柔軟吐司，
切開後還可看見鑲嵌麵包中的美麗的紋路，
以及淡淡的花果香氣，
玫瑰醬結合草莓乾、草莓泥熬煮，
咀嚼得到果粒，更添美味。

MOULD

- 內徑181mm×91mm×77mm，
  下內徑170mm×73mm

INGREDIENTS

麵團（份量6個）

A 高筋麵粉…500g
　　法國老麵（P24）…50g
　　高糖乾酵母…6g
　　細砂糖…75g
　　岩鹽…9g
　　全蛋…165g
　　蛋黃…75g
　　鮮奶…150g
B 無鹽奶油…190g

結構類型
開心果碎
＋
果膠
＋
玫瑰草莓餡
＋
軟質RICH類麵團

內餡—玫瑰草莓餡

草莓乾…300g
草莓果泥…300g
玫瑰花瓣醬…100g
水…300g
低筋麵粉…120g

表面
鏡面果膠、開心果碎

METHODS

◐ 玫瑰草莓餡

① 將水、草莓乾與草莓果泥拌煮沸騰。

② 拌入玫瑰花瓣醬拌勻。

③ 加入過篩低筋麵粉拌勻，再次煮至沸騰即可。

④ 即成玫瑰草莓餡。

◐ 攪拌麵團

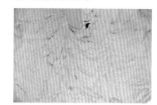

⑤ 將老麵與所有材料**A**以慢速攪拌成團。

⑥ 轉中速攪拌至光滑面，再加入材料**B**以慢速攪拌均勻。

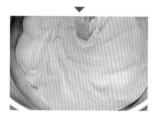

⑦ 再轉中速攪拌至麵筋形成均勻薄膜即可（完成麵溫約26℃）。

◐ 基本發酵

⑧ 整理麵團成圓滑狀態，基本發酵60分鐘。

◉ 分割、中間發酵

⑨ 分割麵團成200g×6個，將麵團滾圓後中間發酵30分鐘。

⑬ 從前端往下捲起至底。

⑰ 在表面塗刷上蛋液。

⑳ 並在中心處灑上少許開心果碎。

◉ 整型、最後發酵

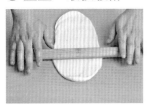

⑩ 將麵團輕拍扁，擀平成橢圓片狀，翻面。

⑭ 收合於底，成圓筒狀。

◉ 烘烤

⑱ 放入烤箱，以上火150℃／下火230℃，烤約30分鐘，脫模。

> **POINT** | 烤好後立即脫模取出，若一直放在吐司模中，充分膨脹的麵包會因水氣無法蒸發變得扁塌。

㉑ 裝飾點綴即可。

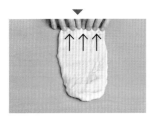

⑪ 將底部麵團稍延壓展開（幫助黏合）。

⑮ 將麵團分切成3段。

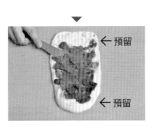
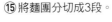

← 預留
← 預留

⑫ 將麵團上下預留，並在預留處下抹上玫瑰草莓餡。

⑯ 切口斷面朝上，放置模型中，最後發酵90分鐘（濕度75%、溫度35℃）。

⑲ 在表面塗刷果膠。

4

引人矚目的
原創麵包

新食口感！融合傳統與新創魅力麵包

Bread / 43

花見莓果戀

鬆軟的麵包中帶有草莓乾的香甜，
微酸清甜的草莓果餡，香脆酥軟的馬卡龍皮，
酥中帶軟的雙重口感，繽紛多層的口感美味。

MOULD

· 98mm×35mm八角模
· 小花壓切模

INGREDIENTS

麵團（份量11個）
A 高筋麵粉…250g
　高糖乾酵母…3g
　細砂糖…38g
　岩鹽…4g
　全蛋…75g
　蛋黃…30g
　鮮奶…75g
B 無鹽奶油…100g

內餡—草莓餡
草莓果泥…160g
草莓乾…70g
細砂糖…100g
無鹽奶油…40g
全蛋…60g
低筋麵粉…120g

表面—馬卡龍餡
蛋白…160g
糖粉…200g
杏仁粉…200g
覆盆子粉…20g

裝飾
糖粉、開心果碎
鏡面果膠、翻糖花

結構類型
果膠、開心果碎
+
糖粉
+
馬卡龍餡
+
草莓餡
+
軟質RICH類麵團

METHODS

◉ 前置處理

① **草莓餡**。將草莓乾、細砂糖、草莓果泥與無鹽奶油加熱煮沸。

⑤ 轉中速攪拌至光滑面，加入材料**B**以慢速攪拌至均勻。

② 再加入全蛋與過篩低筋麵粉拌煮均勻至再度沸騰。

⑥ 再以中速攪拌至麵筋形成，呈均勻薄膜即可（完成麵溫約26℃）。

③ **馬卡龍餡**。將蛋白與過篩的粉類攪拌混合拌勻，冷藏一天備用。

◉ 基本發酵

⑦ 整理麵團成圓滑狀態，基本發酵60分鐘。

◉ 攪拌麵團

④ 將所有材料**A**以慢速攪拌成團。

◉ 分割、中間發酵

⑧ 分割麵團成50g×11個，將麵團滾圓後中間發酵30分鐘。

● 整型、最後發酵

⑨ 將麵團滾圓，稍輕拍壓扁。

▼

⑩ 再擀平成厚度均勻的圓片狀。

▼

⑪ 在中間按壓抹入草莓餡（50g）。

▼

⑫ 將麵團往中間拉攏包覆內餡。

⑬ 捏緊底部收合口，整型成圓球狀。

▼

⑭ 模型噴上薄薄一層烤盤油。將麵團收口朝下放入模型中。

▼

⑮ 最後發酵60分鐘（濕度75%、溫度35℃）。

▼

⑯ 用馬卡龍餡在表面由中心以畫同心圓的方式擠上漩渦狀紋路。

⑰ 薄灑上糖粉待稍吸附，再薄灑一次糖粉。

> **POINT**
> ・擠馬卡龍餡時，盡量讓餡與餡之間緊密相連（如蚊香狀），讓馬卡龍餡可以互相抓住保持餡料厚度。
> ・表面裝飾的馬卡龍餡只需擠至表面2/3，避免烤焙時麵團膨脹導致馬卡龍餡沾黏於模具而不好脫模。

● 烘烤

⑱ 放入烤箱，以上火180℃／下火200℃，烤約10分鐘。趁熱在表面塗刷鏡面果膠，沾上開心果碎，用翻糖小花裝飾。

Bread / 44
荔枝覆盆子

以覆盆子果凍鑲嵌麵包層，形成紅寶石般晶鑽色澤，
中間包藏酸甜滋味的果餡，加上酥波蘿的酥香，
宛如洋菓子甜點的繽紛視覺與口感美味。

Strawberries are popular and
plants to grow in the domestic
be it for consumption or exhibi
es, almost anywhere in the
time to plant is in late sum
Plant in full sun or dapp
somewhat sandy so
manure and a balan
growth. Alternati
pots or specia
Fibre mats
protect fruit
will act as
Strawberri
many cond
tion, moist
in containe
provided a
attack the r.
midsummer
fully ripe — th
bright red colou
varieties can exter
directions.
In addition to being

Yes, fresh berries, sn
whipped cream ca

The most famous dessert made wi
shortcake is strawberry shortcake. Sli
strawberries are mixed with sugar
allowed to sit an hour or so, un
strawberries have surrendered a gr
of their juices (macerated). The sh
are split and the bottoms are covere
layer of strawberries, juice, and
cream, typically flavored with su
vanilla. The top is replaced, an
strawberries and whipped cream ar
onto the top. Some convenience ver
shortcake are not made with a sho
(i.e. biscuit) at all, but instead use a ba
sponge cake or sometimes a corn mu

Yamato's sus

THIS WEEK'S
Coconut Ice Cream Sandwiches
Who doesn't like ice cream sandwiches? These are miniature, just 3 inches in dia ter. Bright pink fresh cherry ice (there's a little coconut milk in the is sandwiched between lem ookies, with a dash of grated c bit of a project, but it 2 hours of active cook e of 2 days.
Pasta is generally a simple dish, but comes in many varieties due to its versatility.
uos are over the top.

MOULD

- 94mm×83mm×35mm大圓模
- 小花壓切模

INGREDIENTS

麵團（份量9個）

A 高筋麵粉…200g
　高糖乾酵母…3g
　細砂糖…30g
　岩鹽…4g
　全蛋…70g
　蛋黃…26g
　鮮奶…60g
B 無鹽奶油…66g

酥菠蘿

低筋麵粉…200g
細砂糖…60g
無鹽奶油…100g

覆盆子果凍

檸檬汁…2g
覆盆子果泥…300g
細砂糖…30g
果膠粉…5g

荔枝覆盆子餡

全蛋…20g
細砂糖…50g
無鹽奶油…15g
新鮮荔枝…80g
冷凍覆盆子…15g
荔枝乾…35g
低筋麵粉…63g

結構類型
覆盆子果凍
+
酥菠蘿
+
荔枝覆盆子餡
+
軟質RICH類麵團

METHODS

◉ 前置處理

① **酥菠蘿**。所有材料混合拌勻後，以粗篩網過篩成粗粒狀，平鋪於鐵盤隔日使用。

> **POINT** ｜ 若想快速完成酥菠蘿製作，可將過篩後的酥菠蘿粒平鋪在鐵盤上，冷凍冰硬會較好操作。

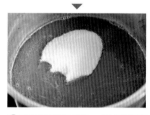

② **荔枝覆盆子餡**。將新鮮荔枝去皮、去籽，荔枝乾與覆盆子混合打成汁。

③ 將作法2、奶油、細砂糖加熱煮沸，加入蛋與過篩低筋麵粉拌勻即可。

◉ 攪拌麵團

④ 將材料**A**以慢速攪拌成團，轉中速攪拌至光滑面，加入材料**B**以慢速拌勻。

⑤ 再以中速攪拌至麵筋形成均勻薄膜（完成麵溫約26℃）。

◉ 基本發酵

⑥ 整理麵團成圓滑狀態，基本發酵60分鐘。

◉ 分割、中間發酵

⑦ 分割麵團成50g×9個，將麵團滾圓後中間發酵30分鐘。

⚫ 整型、最後發酵

⑧ 將圓形模噴上薄薄一層烤盤油。

⑨ 將麵團滾圓，稍輕拍扁。

⑩ 擀平成厚度均勻的圓片狀。

⑪ 將圓形麵皮鋪放模型中，以手指沿著烤模邊緣輕壓。

⑫ 讓麵皮邊緣稍立高緊貼烤模成型。

⑬ 最後發酵60分鐘（濕度75%、溫度30℃）。

⑭ 在中心處鋪放荔枝覆盆子餡（15g），稍按壓平整。

⑮ 將麵團邊緣噴水霧後，灑上酥菠蘿。

⑯ 表面先鋪放上烤焙紙。

⑰ 再壓蓋上烤盤，放入烤箱。

⚫ 烘烤

⑱ 以上火200℃／下火200℃，烤10分鐘，待冷卻，在中心處按壓出淺圓形凹槽。

⚫ 覆盆子果凍

⑲ 細砂糖、果膠粉先混勻。將覆盆子果泥、檸檬汁先加熱煮沸。

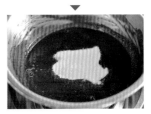

⑳ 再加入混合的細砂糖、果膠粉拌勻即可。

㉑ 在圓形凹槽處，倒入覆盆子果凍、待定型，最後擺放翻糖花裝飾即可。

翻糖小花這樣做！

將翻糖擀平後用小花壓切模壓製花形（有沾黏情形可灑上防沾粉再操作），覆蓋保鮮膜放室溫，隔日即可使用。

Bread / 45
北國金時之丘

以布里歐麵團包入草莓紅豆餡，再組合塔皮成型，
柔軟麵包體與底層酥香塔皮，外層酥脆香甜杏仁糖片，
美麗分明層次，外表香酥，內裡軟Q香甜。

MOULD

· 73mm×39mm花型模具

INGREDIENTS

麵團（份量30個）

Ⓐ 高筋麵粉…250g
　 高糖乾酵母…3g
　 細砂糖…38g
　 鹽…4g
　 法國老麵（P24）…25g
　 全蛋…75g
　 蛋黃…30g
　 鮮奶…75g
Ⓑ 無鹽奶油…100g

塔皮（份量12個）

無鹽奶油…100g
高筋麵粉…75g
低筋麵粉…75g
糖粉…40g
全蛋…10g
全脂奶粉…4g

表面

果膠、開心果碎
鹽漬櫻花

內餡－紅豆草莓餡（份量12個）

Ⓐ 紅豆粒餡…80g
Ⓑ 草莓乾…80g
　 水…80g
　 香草糖…10g

表面－杏仁糖（份量12個）

杏仁角…140g
細砂糖…60g
精緻麥芽…70g
無鹽奶油…70g
蜂蜜…8g

結構類型
開心果碎、鹽漬櫻花
＋
杏仁糖
＋
紅豆草莓餡
＋
軟質RICH類麵團
＋
塔皮

METHODS

◉ 前置處理

① **紅豆草莓餡**。草莓乾剪碎，加入水、香草糖拌煮至收汁，再加入紅豆粒餡拌勻即可。

⑤ 轉中速攪拌至光滑面，加入無鹽奶油以慢速攪拌至均勻。

◉ 塔皮

② 將奶油、糖粉、全蛋攪拌均勻。

⑥ 再轉中速攪拌至呈均勻薄膜（完成麵溫約26℃）。

◉ 基本發酵

③ 加入混合過篩粉類拌勻成團，分割成25g×12個。

⑦ 整理麵團成圓滑狀態，基本發酵40分鐘。

◉ 攪拌麵團

④ 將老麵、其他材料Ⓐ以慢速攪拌成團。

◉ 分割、中間發酵

⑧ 分割麵團成20g×12個，將麵團滾圓後中間發酵30分鐘。

◉ 整型、最後發酵

⑨ 將塔皮麵團滾圓，按壓成圓片狀。

⑬ 中間按壓抹入紅豆草莓餡（20g）。

⑰ **杏仁糖片**。將砂糖、麥芽、奶油、蜂蜜混合拌煮沸騰後，加入杏仁角拌勻，倒入烤焙布攤平。

㉑ 並在塔皮邊緣薄刷果膠。

⑩ 鋪放入塔模中，按壓底部並沿著模邊用刮板切除多餘部分。

⑭ 拉起麵團邊緣包覆內餡，捏緊收合口，整型成圓球狀。

⑱ 放入烤箱，以上火170℃／下火170℃，烤20分鐘，取出。

㉒ 沿著邊緣沾裹上開心果碎。

⑪ 稍按壓平整型。

⑮ 將麵團收口朝下，放入塔模中，放室溫最後發酵60分鐘。

⑲ 分切成30g，趁熱隔著塑膠袋壓扁塑型成圓片。

㉓ 頂端用鹽漬櫻花點綴，或用乾燥覆盆子碎裝飾即可。

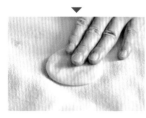

⑫ 將麵團滾圓，輕拍成中間稍厚邊緣稍薄的圓片狀。

◉ 烘烤

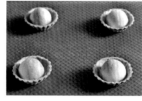

⑯ 放入烤箱，以上火210℃／下火190℃，烤11分鐘，待冷卻、脫模。

⑳ 將杏仁糖片覆蓋在烤好麵包上，貼緊密合、整型。

> **POINT** | 鹽漬櫻花要先泡水，去除多餘的鹽分之後再使用。
>
>

黑糖菓子派麵包

使用三種糖類烘焙出風味絕佳的菓子派麵包。
香濃黑糖、蜜漬蘋果，與菓子麵團完全融合，
表層砂糖的滲透，帶出滑順的獨特口感，鬆軟可口。

MOULD

· 152mm×147mm×69mm，
6寸蛋糕模

INGREDIENTS

麵團（份量7個）

Ⓐ 高筋麵粉…1000g
　高糖乾酵母…15g
　細砂糖…150g
　鹽…18g
　全蛋…300g
　蛋黃…180g
　鮮奶…300g
　法國老麵（P24）…100g
Ⓑ 無鹽奶油…400g

內層

Ⓐ 肉桂風味奶油（取560g）
　無鹽奶油…250g
　肉桂粉…25g
　細砂糖…250g
　全蛋…4個
Ⓑ 香草卡士達（P32）…560g
Ⓒ 蜜煮蘋果（P44）…84片

表面

黑糖、中雙糖
發酵奶油、不濕糖

結構類型
不濕糖
＋
發酵奶油
＋
黑糖
＋
中雙糖
＋
香草卡士達
＋
蜜煮蘋果
＋
肉桂風味奶油
＋
軟質RICH類麵團

METHODS

◉ 前置處理

① **肉桂風味奶油**。將所有材料Ⓐ混合攪拌均勻即可。

⑤ 分次加入材料Ⓑ以慢速攪拌至均勻。

② **蜜煮蘋果**。製作參見P44「青森蘋果卡士達」。

⑥ 再以中速攪拌至麵筋形成，呈均勻薄膜即可（完成麵溫約26℃）。

◉ 攪拌麵團

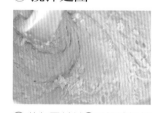

③ 將麵團材料Ⓐ以慢速攪拌成團。

◉ 基本發酵

⑦ 整理麵團成圓滑狀態，基本發酵60分鐘。

④ 轉中速攪拌至光滑面。

◉ 分割、中間發酵

⑧ 分割麵團成160g×14個，將麵團滾圓後中間發酵30分鐘。

● 整型、最後發酵

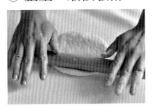

⑨ 將麵團滾圓，稍拍扁，擀成略小於6寸圓模的圓片，翻面。

⑬ 接著均勻抹上香草卡士達（80g）。

⑰ 最後再放上切小塊的發酵奶油。

⑩ 2片為組，取一片先放入模型中。

⑭ 覆蓋上另一片圓形麵皮，沿著模邊整型密合。

● 烘烤

⑱ 放入烤箱（旋風爐），以上火150℃／下火150℃，烤約30-35分鐘。

⑪ 表面再抹上肉桂風味奶油（80g）。

⑮ 最後發酵30分鐘（濕度75%、溫度30℃）。

⑲ 待冷卻，篩灑上一層不濕糖裝飾即可。

⑫ 再平均鋪放上蜜漬蘋果（12片）。

⑯ 表面均勻篩灑一層黑糖，再放上中雙糖。

不濕糖

不易受潮，可冷凍，可延緩吸濕情形。有各種顏色，原味（白）、草莓（粉紅色）、抹茶（綠色）、芒果（黃色）、防潮可可粉（可可色），用於各種烘焙產品裝飾，增加多樣性。

Bread / 47

蜂香麥田皇冠

散發淡淡香氣蜂蜜丁，搭配燕麥仁，
再以中空螺旋形的咕咕霍夫模（Kouglof）做為麵包造型，
燕麥堅果香氣，與柔軟麵包組合，讓人臣服於它的迷人滋味。

MOULD

· 圓徑140mm×81mm，咕咕霍夫模

INGREDIENTS

麵團（份量5個）

Ⓐ 高筋麵粉…1000g
　高糖乾酵母…15g
　細砂糖…150g
　鹽…18g
　全蛋…300g
　蛋黃…180g
　鮮奶…300g
　法國老麵（P24）…100g
Ⓑ 無鹽奶油…400g
Ⓒ 蜂蜜丁…200g
　大麥仁（熟）…200g

結構類型
開心果碎 ＋ 楓糖漿 ＋ 燕麥片 ＋ 軟質RICH類麵團

裝飾（每份）

開心果碎…20g
楓糖漿…40g
燕麥片…20g

METHODS

● 前置處理

① **大麥仁製作**。將大麥仁200g、水1000g加熱煮約40分鐘,濾乾、放涼備用。

⑤ 轉中速攪拌至光滑面,分次加入材料❸。

⑩ 用食指先在麵團中央戳出中心圓點。

⑭ 將麵團收口面朝上,放入模型中(按壓麵團使其塞滿模型的邊角,才能烘烤出漂亮的花樣造型)。

▼

② **模型處理**。將咕咕霍夫模噴上烤盤油。

⑥ 慢速攪拌至完成階段,再加入材料❻,混合拌勻即可(完成麵溫約26℃)。

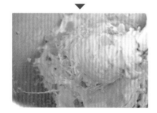

⑪ 再用手肘處壓出圓孔凹槽。

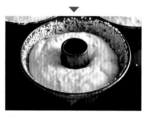

⑮ 最後發酵90分鐘(濕度75%、溫度30℃)。

▼

③ 均勻灑上燕麥片再拍除多餘的部分備用。

● 基本發酵

⑦ 整理麵團成圓滑狀態,基本發酵60分鐘。

● 分割、中間發酵

⑧ 分割麵團成550g×5個,將麵團滾圓後中間發酵30分鐘。

▼

⑫ 用兩手把壓戳成的小洞延展撐開。

● 烘烤

⑯ 放入烤箱,以上火160℃／下火230℃,烤35分鐘。表面刷上楓糖漿或果膠。

● 攪拌麵團

④ 將老麵與所有材料❹攪拌成團。

● 整型、最後發酵

⑨ 將麵團稍滾圓,輕壓拍成圓扁狀。

⑬ 整型成環狀。

▼

⑰ 沿著圓邊篩灑開心果點綴即可。

Bread / 48

維爾瓦第四季

洋溢大地季節美味、風味滿點的花漾麵包。
酒漬果乾，亞麻子的香味，和鬆軟的南瓜甜味，
充滿了魅力，外層菱格交錯的格子花紋，
加上紅麴小花點綴非常的美麗。

MOULD

· 拉網刀　　　· 小花壓模

INGREDIENTS

麵團（份量6個）

Ⓐ 高筋麵粉…325g
　 法國老麵（P24）…450g
　 新鮮酵母…10g
　 南瓜泥…200g
　 蜂蜜…50g
　 鮮奶…50g
　 水…50g
　 奶粉…20g
　 岩鹽…9g
Ⓑ 亞麻子…50g
　 水…50g
Ⓒ 酒漬黃金葡萄（P31）…100g

抹茶皮

高筋麵粉…300g
低筋麵粉…300g
細砂糖…100g
水…270g
白油…220g
抹茶粉…26g

紅麴皮

高筋麵粉…150g
低筋麵粉…150g
細砂糖…50g
水…135g
白油…110g
紅麴粉…10g

結構類型
紅麴皮 ＋ 抹茶皮 ＋ 介於軟質與硬質類 中間的麵團

METHODS

◗ 抹茶皮

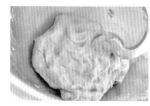

① 將所有材料混合，攪拌至成光滑麵團。

◗ 紅麴皮

② 將所有材料混合攪拌。

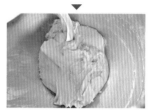

③ 呈成光滑麵團。

④ 將麵團擀平，以小花壓切模壓出造型，靜置備用。

◗ 攪拌麵團

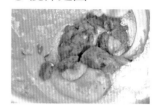

⑤ 將材料Ⓐ放入攪拌缸中。

⑥ 以慢速攪拌成團，轉中速攪拌至9分筋。

⑦ 再加入浸泡過水的亞麻子、酒漬黃金葡萄。

⑧ 攪拌混合均勻即可（完成麵溫約26℃）。

> **POINT**｜亞麻子需事先與水浸泡約30分鐘，避免表面黏液影響麵包口感。

◉ 基本發酵

⑨ 整理麵團成圓滑狀態，基本發酵60分鐘。

⑬ 用拉網刀在抹茶麵皮上切劃出網格狀。

⑰ 再沿著三側邊捏緊收口，整型成三角形。

㉑ 黏貼上紅麴小花裝飾即可。

◉ 分割、中間發酵

⑩ 分割麵團成200g×6個，將麵團滾圓後中間發酵30分鐘。

⑭ 攤展開成型網格紋路片。

⑱ 麵團收口朝下，將網狀抹茶皮覆蓋三角麵團。

◉ 烘烤

㉒ 放入烤箱，以上火200℃／下火200℃，烤15分鐘。

◉ 整型、最後發酵

⑪ 將抹茶皮麵團分成50g×6個，稍拍扁。

⑮ 將麵團輕拍排出麵團中的空氣，翻面。

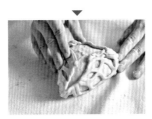

⑲ 將抹茶皮包覆住麵團，收合於底部。

⑫ 擀平成橢圓片狀。

⑯ 將麵皮三側朝中間推起聚攏。

⑳ 收口朝底放入烤盤，最後發酵約60分鐘（濕度75%、溫度30℃）。

Bread / 49
抹茶豆乳相思

在麵團中添加抹茶粉製作，保有鮮明可口的翠綠，
麵團中層疊的包捲入紅豆餡、奶油乳酪，
切開後看得見層次分明的夾餡紋理，清爽順口，
抹茶的香氣與紅豆的香甜，
充分展現日式風的定番組合。

MOULD

· 內徑327mm×121mm×121mm；
  下內徑313mm×119mm

INGREDIENTS

麵團（份量1條）

A 高筋麵粉…1000g
   抹茶粉…24g
   新鮮酵母…40g
   岩鹽…22g
   細砂糖…50g
   鮮奶…100g
   全蛋…60g
   動物鮮奶油…30g
   水…330g
   無糖豆漿…200g
B 無鹽奶油…40g

結構類型
奶油乳酪
+
紅豆餡
+
介於軟質與硬質類 中間的麵團

內餡

紅豆餡（P32）…240g
奶油乳酪…120g

METHODS

● 攪拌麵團

① 將材料**A**以慢速攪拌成團，轉中速攪拌至光滑面。

② 加入材料**B**慢速攪拌至均勻。

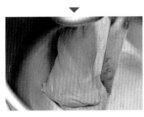

③ 再以中速攪拌至麵筋形成均勻薄膜即可（完成麵溫約26℃）。

⑤ 輕拍平整麵團，將麵團一側折疊1/3，再將另一側折疊1/3。

⑥ 再從前端往下折疊1/3，再將底部往上折疊1/3。

⑦ 翻面使折疊收合的部分朝下，做3折翻麵，再發酵約45分鐘。

● 基本發酵

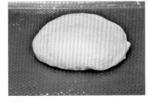

④ 整理麵團成圓滑狀態，基本發酵45分鐘。

● 分割、中間發酵

⑧ 分割麵團成290g×4個，將麵團滾圓後中間發酵30分鐘。

● 整型、最後發酵

⑨ 紅豆餡分成60g×4個，滾圓，按壓成圓扁狀。

⑬ 將底部往上折疊1/3按壓塞緊。

⑰ 以4個為組，收口朝底。

● 烘烤

㉑ 放入烤箱，以上火230℃／下火230℃，烤35分鐘。

⑩ 奶油乳酪餡分成30g×4個，滾圓，按壓扁。

⑭ 再將另端往下折疊約1/3覆蓋過底層麵皮，按壓塞緊、拍平。

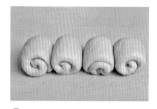

⑱ 將麵團倚著吐司模型的前、後兩側邊擺放。

⑪ 將麵團稍拉長輕拍扁，擀平，翻面。

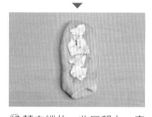

⑮ 轉向縱放，收口朝上，表面鋪放奶油乳酪（30g）。

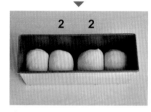

⑲ 再緊貼前、後兩側的麵團放入兩邊的麵團。

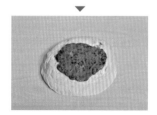

⑫ 在麵團中間鋪放入紅豆餡（60g）。

⑯ 將麵團反折壓合捲起至底，收口於底成圓筒狀。

⑳ 最後發酵約120分鐘（濕度75%、溫度30℃），待9分滿蓋上模蓋。

POINT｜麵團加入抹茶粉會影響麵團的發酵力，最後發酵階段須發至9分滿再加蓋，吐司才能完全膨脹。

Bread / 50

麥花開了

將養生的五穀草莓餡完美融入法式麵團中，
五穀米結合草莓乾，帶出別有的口感與香氣，
香甜且富嚼感，享受麵包特有的酥脆嚼勁的同時，
品嚐時散發的清新香甜，更是其獨特的一大魅力。

INGREDIENTS

麵團（份量9個）

Ⓐ 高筋麵粉…1000g
　 細砂糖…60g
　 麥芽精…3g
　 全蛋…100g
　 新鮮酵母…30g
　 法國老麵（P24）…150g
　 岩鹽…18g
　 水…570g
Ⓑ 無鹽奶油…70g

內餡－五穀草莓

Ⓐ 草莓醬（取500g）
　 草莓乾…500g
　 水…250g
　 細砂糖…18g
Ⓑ 五穀米（熟）…500g

表面
燕麥片、橄欖油
裸麥粉

結構類型
裸麥粉
＋
外皮麵團
＋
燕麥片
＋
五穀草莓
＋
介於軟質與硬質類 中間的麵團

METHODS

◉ 五穀草莓

①將草莓乾、水、細砂糖混合拌煮至收乾即可。

②將五穀米洗淨，泡水後蒸熟。

③將蒸熟五穀米、草莓醬混合拌勻。

④冷藏一天即可使用。

◉ 攪拌麵團

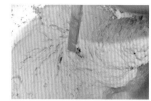

⑤將麵團材料Ⓐ以慢速攪拌成團。

⑥轉中速攪拌至出筋。

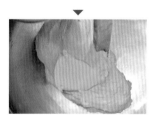

⑦加入麵團材料Ⓑ以慢速攪拌至均勻。

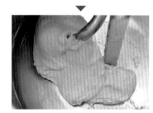

⑧再以中速攪拌至形成薄膜即可（完成麵溫約26℃）。

◉ 基本發酵

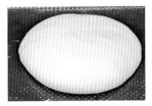

⑨ 麵團分切成1350g、450g，整理麵團成圓滑狀態，分別基本發酵45分鐘，與30分鐘。

◉ 分割、中間發酵

⑩ 分割麵團成150g×9個，50×9個，將麵團滾圓後中間發酵30分鐘。

◉ 整型、最後發酵

⑪ 將麵團（150g）輕拍成厚度均勻圓扁形。

⑫ 中間按壓抹入五穀草莓餡（70g）。

⑬ 將麵團朝中間拉起包覆，捏緊收合，整型成圓球狀。

⑭ 表面沾上燕麥片。

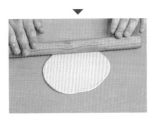

⑮ 將麵團（50g）輕拍扁、擀成圓片。

⑯ 在中心直徑約5cm處塗刷上橄欖油（預留圓邊不塗刷）。

⑰ 將作法14麵團，收口朝上，放置圓形麵皮中。

⑱ 將麵皮的左、右兩對側朝中間拉起。

⑲ 再將上、下兩對側麵皮朝中間拉起。

⑳ 捏緊收合，整成圓球狀，放入烤盤，放室溫最後發酵60分鐘。

㉑ 表面篩灑上裸麥粉。

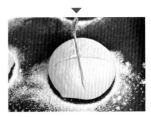

㉒ 以刀呈傾斜的方式於中心處先切割十字切痕。

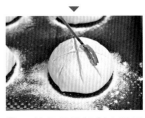

㉓ 再於相鄰邊切割直線刀痕，成米字形。

◉ 烘烤

㉔ 放入烤箱，先蒸氣3秒，以上火220℃／下火200℃，烤約10分鐘。

巧克力紅酒芭娜娜

另一款巧克力與酒漬果乾的絕美組合！
可可麵團中加入香氣四溢的果乾與水滴巧克力，
巧克力的香醇，香蕉乾的微酸香甜味融合成絕美好味，
深黑迷人的可可色澤，與深邃的風味相當的迷人。

INGREDIENTS

麵團（份量6個）

Ⓐ 高筋麵粉…500g
　　法國老麵（P24）…900g
　　北海道煉乳…100g
　　岩鹽…15g
　　新鮮酵母…30g
　　水…350g
　　可可粉…50g
　　鏡面巧克力（P33）…120g
Ⓑ 紅酒漬香蕉（P31）…250g
　　水滴巧克力…150g

結構類型
裸麥粉 ＋ 紅酒漬香蕉 ＋ 介於軟質與硬質類 中間的麵團

METHODS

● 攪拌麵團

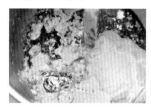

① 將老麵與所有材料Ⓐ以慢速攪拌混合。

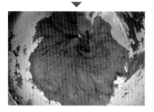

② 以慢速攪拌均勻成團。

③ 轉中速攪拌至光滑。

④ 再加入材料Ⓑ以慢速攪拌均勻。

⑤ 再轉中速攪拌至麵筋形成均勻薄膜即可（完成麵溫約26℃）。

> **POINT** | 將鏡面巧克力攪拌混入麵團中，可讓可可麵團色澤與風味更加豐厚飽滿。

● 基本發酵

⑥ 整理麵團成圓滑狀態，基本發酵45分鐘，拍平做3折1次翻麵再發酵約45分鐘。

● 分割、中間發酵

⑦ 分割麵團成400g×6個，將麵團滾圓後中間發酵30分鐘。

● 整型、最後發酵

⑧ 將麵團輕搓揉滾圓。

⑨ 稍拉長均勻輕拍，翻面。

⑩ 將麵團沿著邊緣端朝底輕輕收合。

⑪ 整型成圓球狀。

⑫ 放入烤盤，最後發酵約40分鐘（濕度75%、溫度30℃）。

⑬ 表面篩灑上裸麥粉。

⑭ 切割出井字刀痕。

● 烘烤

⑮ 放入烤箱，先蒸氣3秒，以上火230℃／下火180℃，烤約15分鐘。

Bread / 52
榴槤忘返

使用魯邦種製作提升風味，
揉入堅果與內餡帶出不膩口的優雅香甜，與層次口感。
在麵團中包覆自製的榴槤餡，帶出濃郁的香甜味，
是款能讓初次品嚐的人能感到意外驚喜的風味麵包。

INGREDIENTS

麵團（份量7個）

Ⓐ 高筋麵粉⋯1000g
　細砂糖⋯60g
　麥芽精⋯5g
　全蛋⋯100g
　新鮮酵母⋯30g
　魯邦種（P29）⋯200g
　岩鹽⋯18g
　水⋯550g
Ⓑ 無鹽奶油⋯80g
Ⓒ 核桃⋯150g

內餡－榴槤醬

Ⓐ 榴槤⋯500g
　鮮奶⋯250g
　香草莢⋯1/2支
Ⓑ 蛋黃⋯45g
　細砂糖⋯50g
　低筋麵粉⋯38g
　玉米粉⋯38g

```
結構類型
─────────
裸麥粉
＋
榴槤醬
＋
介於軟質與硬質類
中間的麵團
```

METHODS

◉ 榴槤醬

① 將香草籽連同香草莢、榴槤與鮮奶一同煮至沸騰。

② 將內餡材料Ⓑ混合攪拌均勻。

③ 將作法1榴槤牛奶，沖入到作法2中，邊拌邊煮至中心點沸騰起泡，關火。

④ 倒入平盤中，待稍冷卻，覆蓋保鮮膜，即成榴槤醬。

◉ 攪拌麵團

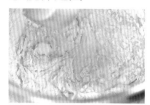

⑤ 將麵團材料Ⓐ以慢速攪拌混合。

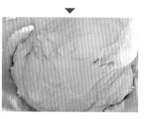

⑥ 慢速攪拌均勻成團，轉中速攪拌至光滑面。

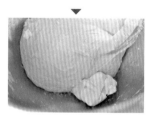

⑦ 加入無鹽奶油以慢速攪拌均勻。

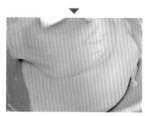

⑧ 再轉中速攪拌至麵筋形成9分筋。

⑨ 加入核桃混合拌勻即可（完成麵溫約26℃）。

⑬ 在麵團中間抹入榴槤醬（100g）。

⑰ 表面灑上裸麥粉。

㉑ **造型B**。將麵團篩灑裸麥粉，順著中心處旋劃五刀，成旋渦切紋。

◉ 基本發酵

⑩ 整理麵團成圓滑狀態，基本發酵60分鐘，拍平做3折1次翻麵再發酵約30分鐘。

◉ 分割、中間發酵

⑪ 分割麵團成300g×7個，將麵團滾圓後中間發酵30分鐘。

⑭ 將麵皮以左右、前後四邊朝中間拉攏。

⑱ 在中心處先剪出十字切痕。

◉ 烘烤

㉒ 放入烤箱，先蒸氣3秒，以上火220℃／下火200℃，烤約15分鐘。

> **POINT** ｜ 榴槤醬質地較軟，包餡整型時需稍微將麵團拉長後再包起，避免包圓或烤焙時因麵糰厚薄不一導致內餡的溢出。

⑮ 捏緊四邊收合。

⑲ 再以割麵刀就十字四側輕劃四刀成米字。

◉ 整型、最後發酵

⑫ **造型A**。將麵團稍滾圓後輕拍成圓扁狀，翻面。

⑯ 整型成圓球狀，放入烤盤最後發酵60分鐘（濕度75%、溫度35℃）。

⑳ 依作法22烘烤完成，即成造型A。

用心至深的
日式手感麵包

完美整型、專業技巧的獨門手藝

整合日式經典麵包的新口感

體驗不一樣的綿密東洋風

職人的匠心工藝盡在其中

SPECIAL THANKS

本書能順利的拍攝完成，特別感謝：

場地、原料提供／星享道酒店、總信食品有限公司、東聚國際食品有限公司、台灣原貿股份有限公司、利生食品公司、德麥食品股份有限公司

拍攝協助／于櫻綺、賴富宏、劉君倫、王金平、林昱瑄師傅

國家圖書館出版品預行編目（CIP）資料

李志豪 人氣經典日式菓子麵包 / 李志豪著 . -- 初版 . -- 臺北
市 : 原水文化出版 : 家庭傳媒城邦分公司發行, 2021.03
　面；　公分 . --（烘焙職人系列；10）

ISBN 978-986-99816-7-5（平裝）

1. 點心食譜　2. 麵包

427.16

烘焙職人系列 **010**

李志豪 人氣經典日式菓子麵包

作　　　　者／李志豪
特 約 主 編／蘇雅一
責 任 編 輯／潘玉女

行 銷 經 理／王維君
業 務 經 理／羅越華
總 　 編 　 輯／林小鈴
發 　 行 　 人／何飛鵬
出 　 　 　 版／原水文化
　　　　　　　台北市民生東路二段 141 號 8 樓
　　　　　　　電話：02-25007008　　傳真：02-25027676
　　　　　　　E-mail：H2O@cite.com.tw　Blog：http:citeh2o.pixnet.net/blog/
　　　　　　　FB 粉絲專頁：https://www.facebook.com/citeh2o/
發 　 　 　 行／英屬蓋曼群島商家庭傳媒股份有限公司城邦分公司
　　　　　　　台北市中山區民生東路二段 141 號 11 樓
　　　　　　　書虫客服服務專線：02-25007718・02-25007719
　　　　　　　24 小時傳真服務：02-25001990・02-25001991
　　　　　　　服務時間：週一至週五 09:30-12:00・13:30-17:00
　　　　　　　讀者服務信箱 email：service@readingclub.com.tw
劃 撥 帳 號／19863813　　戶名：書虫股份有限公司
香 港 發 行 所／城邦（香港）出版集團有限公司
　　　　　　　地址：香港灣仔駱克道 193 號東超商業中心 1 樓
　　　　　　　Email：hkcite@biznetvigator.com
　　　　　　　電話：(852)25086231　　傳真：(852) 25789337
馬 新 發 行 所／城邦（馬新）出版集團 Cite (Malaysia) Sdn. Bhd.
　　　　　　　41, Jalan Radin Anum, Bandar Baru Sri Petaling,
　　　　　　　57000 Kuala Lumpur, Malaysia.
　　　　　　　電話：(603) 90578822　　傳真：(603) 90576622
　　　　　　　電郵：cite@cite.com.my

美 術 設 計／陳育彤
攝 　 　 　 影／周禎和
製 版 印 刷／卡樂彩色製版印刷有限公司

城邦讀書花園
www.cite.com.tw

初 　 　 　 版／2021 年 3 月 18 日
定 　 　 　 價／550 元